江苏高校优势学科建设工程资助项目

南张楼公共艺术研究

张　琦　著

苏州大学出版社

图书在版编目(CIP)数据

南张楼公共艺术研究 / 张琦著. —苏州：苏州大学出版社，2016.6
江苏高校优势学科建设工程资助项目
ISBN 978-7-5672-1744-7

Ⅰ.①南… Ⅱ.①张… Ⅲ.①城乡规划－研究－青州市 Ⅳ.①TU982.295.24

中国版本图书馆 CIP 数据核字(2016)第 136360 号

南张楼公共艺术研究

张 琦 著

责任编辑 巫 洁

苏州大学出版社出版发行
(地址：苏州市十梓街 1 号 邮编：215006)
苏州工业园区美柯乐制版印务有限责任公司印装
(地址：苏州工业园区娄葑镇东兴路 7-1 号 邮编：215021)

开本 700 mm×1 000 mm 1/16 印张 12.5 字数 174 千
2016 年 6 月第 1 版 2016 年 6 月第 1 次印刷
ISBN 978-7-5672-1744-7 定价：30.00 元

苏州大学版图书若有印装错误，本社负责调换
苏州大学出版社营销部 电话：0512-65225020
苏州大学出版社网址 http://www.sudapress.com

目 录 contents

导论 公共艺术：意识与责任 ············· 1
一、对于农村社区公共艺术问题的思考 ············· 3
二、研究的目的与方法 ············· 6
三、相关研究及其视野 ············· 9
四、本书研究的范围及基本框架 ············· 12

第一章 公共艺术与"城乡等值化"观
——以南张楼公共艺术建设为中心的考察 ············· 16
一、"城乡等值化"与村庄革新 ············· 16
二、南张楼"城乡等值化"实验进程 ············· 29
三、公共艺术与南张楼公众观念的转变 ············· 46

第二章 "自上而下"与"自下而上"
—— 南张楼公共艺术建设机制及影响因素 ············· 60
一、"自上而下"与公共艺术建设 ············· 60
二、社会转型与南张楼公共艺术建设 ············· 68
三、南张楼公共艺术与公众参与 ············· 74

第三章 "观念改变生活"
——南张楼公共艺术的角色及功能定位 ············· 81
一、公共艺术与传统文化的延续 ············· 81

二、公共艺术与南张楼公共文化 …………………………… 101
三、南张楼公共艺术的作用 ………………………………… 108
四、南张楼公共艺术的审美功能 …………………………… 110
五、公共艺术在南张楼的社会作用 ………………………… 116
六、公共艺术在南张楼的教育作用 ………………………… 123

第四章　重塑乡村公共空间
　　　　——南张楼公共艺术的影响 ………………………… 131

一、南张楼对外交流的窗口 ………………………………… 131
二、公共艺术对公众生活的影响 …………………………… 136
三、公共艺术与农村社区的关注 …………………………… 142
四、公共艺术的公共批评 …………………………………… 148

第五章　公共参与与共同进步
　　　　——农村社区公共艺术建设 ………………………… 155

一、公众参与的农村社区公共艺术 ………………………… 155
二、教育、美化、娱乐与农村社区公共艺术 ……………… 160
三、具有地域化特色的农村社区公共艺术 ………………… 163
四、生态文化与农村社区公共艺术 ………………………… 169

第六章　社会现代化进程与农村社区公共艺术发展 ……… 175

一、社会进程与农村社区公共艺术 ………………………… 175
二、农村社区公共艺术综合发展 …………………………… 179

参考文献 ………………………………………………………… 182

后　记 …………………………………………………………… 192

导论　公共艺术：意识与责任

自20世纪90年代中后期以来，中国农村、农民、农业这所谓的"三农问题"一直受到社会的普遍关注。我们知道，改革开放以来的现代化发展给社会生活的各个方面都带来了翻天覆地的变化。但中国农村建设，除20世纪80年代初期曾经出现过短期的繁荣外，大部分时间都远远落后于社会整体的发展水平。其中的原因当然是复杂的，而这一问题如果长期不能得到解决，其后果无疑是严重的。温家宝在第十届全国人民代表大会中指出发展农村等落后地区的重要性，认为"如果不能实现落后农村地区的发展，那么中国的不稳定就不可避免"。正是在这样的背景下，党和政府提出了"新农村建设"这一重大发展战略，并在实践中取得了显著的成效。然而，目前"新农村建设"实践主要关注的是农村社区的房屋建设、道路建设和基础设施建设（如水、电设施等），对公众精神生活的关注相对较少。基础设施建设固然对农村社区生活的改变有很大影响，但公众的精神生活和思想文化建设，在某种程度上，更能直接地反映公众生活的品质。因此，如何对待公众的思想观念，通过何种方式实现目的，也应成为新农村建设过程中重点考虑的问题之一。

农村社区的发展，存在着政治、经济、文化等方方面面的制约因素，对这一问题的研究也一向存在着多种角度。有的是从农村经济发展的角度入手，有的是从农民教育入手，而本研究关注的则是当代美术和视觉文化是如何通过公共艺术改变公共环境，介入农村社区建设，及其如何对公众精神生活产生影响的。公共艺术的视觉艺术形象既来自公众生活，又对公众生活起到引导作用，它既与艺术家的创作有关，也与大众的审美和评判有关。这是一门交叉学科，与政治学、社会学、人类学、建筑学、生态学都有着复杂纠葛，而本书重点关注的是公共艺术在农村社区中的作用，以及它如何改善公众的生活。城市公共空间环境与公共艺术早已引起普遍关注，人们也充分意识到其对改善城市公共环境、引导公共观念所发挥的重要作用。比较而言，农村公共空间及公共艺术，不仅有着悠久的历史，而且在现实中发挥着提高居民的文化素质、促进和谐共处、改善生活状况的重要作用，却鲜有相关研究。人们似乎总是认为，农村社会是以稳定的社会结构为基础、以传统文化为特征的生活环境，而完全忽略了改革开放以来，社会结构的变迁正潜移默化地改变中国农村公众的观念，公共艺术也被大众所接受，成为公共空间环境的重要元素，公共环境也悄悄地改变着人们的生活。研究的滞后，会影响重视程度，结果农村社区公共空间、公共艺术建设长期受到漠视，即使有一些经济较为发达的省份进行过一些实践探索，其效果也并不尽如人意。尤其是，虽然我国是一个农业大国，人们从未低估农村、农业、农民问题的重要性，而且中国农业有着漫长的文明发展史，但是我国农村社区公共空间的公共艺术建设，却远远落后于世界上几个发达国家。如韩国的"乡村建设运动"、日本的村镇综合建设、德国的"城乡等值化"实验等，都意识到公共艺术在农村社区实际建设中起到重要作用，如果缺少视觉文化在农村社区的发展，那么相关的功能如文化传承、视觉审美、环境美化、公众心理改善等也会缺失。因此，他们在利用地域特色，发掘农村社区传统文化、营造农村公共空间环境和建设精神家园方面的成功探索，既应该成为我们借鉴的宝贵经验，同时也给我们提供了一些启示。

对此，也许会有一种反应，认为在目前的中国，城乡二元结构下的经济发展极度不平衡，形成了"城市像欧洲，农村像非洲"等不合理的现象，问题的关键，是农村经济发展滞后，大力发展农村经济，便能从根本上改变农村居住环境脏乱差的现状，所以过分突出公共空间及公共艺术在新农村建设中的重要性是不适宜的，也是不现实的。但依据对经济较发达地区农村的观察可发现,"室内现代化,屋外脏乱差",则可见农民文化素质偏低也是问题的关键,所以,至少在发展经济的同时,也应该同步建设农村公共文化空间。应积极发展公共艺术以提高农民的思想文化素质,要充分认识到在中国的农村社区中公共空间和公共艺术的关系,加强公共空间和公共艺术的研究与实践,突出农村社区公共空间的视觉审美功能,及其在农村社区中的美化、教育与改善环境的功能,实现农村社区与城市"形式不同但等值"的公共精神生活。事实上,随着社会的发展和农村社区的建设,农村社区居民除了需要获得经济基础之外,同时也希望获得丰富精神生活的公共空间环境。

正是在这个意义上,本书将农村建设中的公共艺术的历史、现状及可能的发展趋势作为核心议题。具体而言,本书以美术学为研究出发点,从视觉文化的角度,以公共艺术作为视觉文化的表达手段,以中德合作项目南张楼村为研究对象,研究公共艺术如何在农村社区影响公众生活。通过公共艺术改变公众观念和通过改变公众的观念影响公众生活这些角度,研究农村社区公共艺术和公众生活之间的关系。农村居民对于公共空间环境、居住环境有强烈的愿望与要求,只是难以找到合适途径。因此,通过视觉文化—公共空间—公共艺术—公众生活这一角度,探讨促进"乡村文明,村容整洁"的发展途径,正是写作本书的原因与初衷。而本书的导论,则在明确研究的目的、意义与方法的前提下,在综合分析国内外有关研究现状及其存在的问题的基础上,厘定研究范围、确立研究框架并对其中所涉及的核心问题给予准确的界定。

一、对于农村社区公共艺术问题的思考

中国当代农村社区在20世纪80年代以来出现比较重大的变化,它是由多种原因引起的,包括政治、经济等各种因素,而在90年代的城乡一体化进程中,大量农村人口转向城市,城市文化、生活方式向农村扩散,城市化的目的在于改善农村社区居民的生活方式与态度。这种

城市化过程中的愿望和初衷是好的,城乡一体化有利于促进整体国民素质的提高,但是在城市化进程中,农村社区精英走到城市,走向城市和工业的都是农村的青壮年和比较有文化、有技能的一部分人,他们在农民和农村中也是生产力因素与劳动力最活跃的分子、最有创造力的群体,农村社区最具活力的一群人走了,最弱势、最需要关怀的大部分人留下了,他们年龄偏大,文化程度偏低,能力弱,收入少,医疗卫生条件差,精神文化生活单调。① 城乡之间差距进一步加大,农村社区凋敝,居民精神文化缺失等问题凸显,造成农村社区在各个方面与城市差距进一步拉大。这个问题在早期发展的资本主义国家同样存在。马克思提出的"城乡融合"概念指出,"城乡融合"是未来社会的重要特征,各种生产力和生产关系应满足全体成员的需要,消除对立,使全体成员共同享受社会创造出来的福利。在当代中国,城乡不平衡问题体现在各个方面,因此,党的十六届五中全会把建设新农村摆在突出位置,为农村建设指明了方向,从"消灭农村"转向"建设农村"——因为从发展的角度看,农村不可能消亡。这一转向对农村社区建设具有重大意义。

为了实现国家平衡发展,必须实行城乡一体发展战略,国家提出了新农村建设的战略方针,主要是城乡统筹,公共政策与公共服务要覆盖到农村地区。胡锦涛在"社会主义新农村研讨班"中强调,要以"生产发展、生活宽裕、乡风文明、村容整洁、管理民主"为主要指导方针,切实解决好农民的实际问题。同时指出,解决农村问题,单纯依靠农业和农村内部的力量与资源是不够的,必须各方面参与农村社区的建设,在公共精神文化方面,加大研究和投入力度是解决问题的关键,各个专业之间必须配合起来,共同解决我们面临的实际问题,同样,它也是美术学研究者的责任所在。

各地在实施新农村建设的过程中,有的进行地方性实验,有的借鉴国外的模式,不断探索、学习、实践,推动农村的发展。其中德国巴伐利亚州的"城乡等值化"在南张楼村的实验证明,在农村地区生活并不代

---

① 潘林.中国新农村建设:乡村治理与乡镇政府改革[M].北京:中国经济出版社,2006:72.

表降低生活质量,农村社区可以有与城市形式不同但是价值相等的文化生活。在实验过程中,强调公共空间环境、公共艺术在公众生活中的作用,强调地域文化和传统文化的传承,强调博物馆与居民生活的关系,公共艺术和由此产生的视觉文化使南张楼居民产生历史感、归属感,弥补了公共文化缺失的问题,公共艺术成为其中重要的元素,该实验也成为公共艺术在农村社区实践并有重大影响的范例。"城乡等值化"并非农村城市化,也不是把农村建设成城市,而主要是指居民精神文化生活与城市不同类但价值相等,因此,公共艺术也并非像城市一样的造型,而是与居民生活相关,居民认可、接受并能够对公众有引导作用的造型艺术。相比较而言,传统农村社区的牌坊、钟楼、建筑、祠堂、装饰、字画、雕塑、壁画、传统文化形态等都是当代公共艺术研究的范围,在当代农村社区,建筑、公共空间与公共景观、雕塑、壁画以及公共文化活动等公共艺术也是视觉文化的一部分,形式当然已经不同于古代,它随着时代而变化了,但是其中的内在精神和公众之间的关系依然密切。当代农村社区是在城乡一体化背景下发展的,而公共艺术的发展也说明,它不能以存在的地点为中心,而应以"人"为核心;不论城市还是农村,公共艺术是同样存在的,只是其存在的状态不同而已。高校尤其是美术学院的公共艺术研究,其范围已经扩大到各个领域,公共艺术与农村社区的关系受到研究者的普遍关注,公共艺术对农村社区居民的作用已经引起重视,研究公共艺术与农村社区是促进社会发展的有力手段之一,是提高居民精神文化生活水平的方法之一。

在农村社区建设公共艺术的目的是塑造"人",包括塑造"人"的道德、文化观念和精神。公共艺术的内容与公众生活息息相关,形式美是外在表现,体现的是艺术美感。在这个方面,康德认为艺术美在于"审美意象",主要是艺术作品的直观感受无法用理性的概念来表达,只能借助于感性的形象来体现,公共艺术在公众生活中正是潜移默化地影响着居民的生活的。同时,艺术美具有"创造力想象",这种创造力想象是艺术美之外的认识,是对艺术作品之外的理解,公共艺术所蕴含的艺术之美和附着在作品身上的审美意义是居民对作品的认识。公共艺的普及性更显现其独特的方面,犹如蔡元培先生在《以美育代宗教说》中提到,美育陶冶人的性情,它能使人高尚、纯洁,不像衣服、食物一样为个人独有,金字塔、罗马剧场、博物馆等都是人人欣赏的。在关注农村社区公共艺术问题这个方面,潘耀昌教授在《公共艺术与新农村建设》一文中,系统地阐述了关注该问题的原因、解决的方法,既具有前瞻性,也具有现实意义。从这个方面来说,让艺术走向大众,让艺术感染大众,是美术学科的责任,公共艺术在农村社区发挥的作用是艺术功能的体现,研究公共艺术与农村社区不仅是关于艺术作品的问题,而且是为了让"人"更好地生活。因此,公共艺术弥补了农村社区公共文化缺失这一现实问题。

对农村社区的公共艺术来说,它必须和社会制度、风俗、习惯、道德相联系。公共艺术与社会的发展密切相关,是一个不断改进的过程,它与城市公共艺术的不同之处在于两者社会结构与伦理观念的区别,农村社区公共艺术的影响包括社区居民的知识、技能、规范、行为、生活习惯以及思想、观念等,这一过程使得农村社区公共艺术成为生活中一个有特色和积极主动的社会成员,成为公众生活中的一部分。由此看来,公共艺术在农村社区不但是居民生活必不可少的精神元素,而且成为引导公众生活的重要手段。

二、研究的目的与方法

本书主要目的在于考察农村社区建设过程中如何发挥公共艺术的作用,所以,研究的重点就放在了对公共艺术的功能、公共艺术的建设过程与公众整体观念的转变之间的关系、公共艺术与视觉文化在农村社区的建设及其对改善农村社区公共文化所起到的作用等方面的观察上。同时关注公共艺术和公众生活两个方面,包括公共艺术在农村社区如何影响公众的生活,公众观念的转变如何影响公共艺术的建设。相关延伸的主要问题有:公共艺术的建设机制问题有哪些?公共艺术在农村社区的发展动力来源是什么？公共艺术在农村社区公众生活中扮演着什么样的角色？它对人们的观念有什么影响？村民期望和关心的是什么？重点在于研究农村社区公共艺术与公众生活之间的关系，其中包括公共空间环境与公共艺术的构成、其在农村社区如何改善公众的生活、如何加强其作用与功能的完善，通过与社会学方法相结合，研究农村社区公共艺术的作用。

公共艺术在农村社区的建设是综合性的，受到各种因素的影响，通过文献分析、田野考察等，力求务实、客观，主要采用质的研究方法。质的研究方法是以研究者本人作为研究工具，在自然情境下采用多种资料收集方法，对社会现象进行整体性探究，对资料进行归纳分析，形成理论框架，通过与研究对象互动，对其行为和意义建构获得解释性理解的一种活动。① 相关"量的研究"又称"定量研究""量化研究"，是一种对事物可以量化的部分进行测量和分析，以检验研究者关于该事物的某些理论假设的研究方法。② 采用质的方法具有更高的信度与可验证性，通过对研究对象的观察、访问、记录等方式得到第一手资料。在研究过程中进行实地考察，具体考察传统公共艺术的演变，农村社区公共艺术的建设以及前景，而在实地调研过程中分为针对不同人群、不同年龄者的具体调查。不同人群是指从规划建设部门到具体执行部门，再到公共空间环境的具体体验者；不同年龄者分为老年、中年、青年、儿童，并对男性组和女性组数据进行对照，这样在具体的分析过程中就有了比较可信的数据。在田野调查的基础上进行理论分析同样是不可缺少的，初期理论准备主要是针对视觉文化、公共艺术相关理论与成果进行研究，以本学科研究为基础，目的是对基础的支撑有更好的把握，对相关理论进行验证，从中找出其中的问题并进行分析。后期理论主要是在此基础上进行总结，提出虽然不成熟但是对现实具有实践意义的初步理论体系。质的方法关注人的行为、生活方式、社会风俗和惯例

---

① 陈向明.质的研究方法与社会科学研究[M].北京：教育科学出版社，2000：10.
② 陈向明.质的研究方法与社会科学研究[M].北京：教育科学出版社，2000：10.

等,强调外在环境产生的影响,同时考察艺术的生产过程,从过程、现象到实质进行分析,这样,理论体系才具有更好的逻辑性。关于个案研究的相关文献,从山东省青州市档案馆、青州市规划局、青州市文化馆等单位获取原始资料,并与相关人员进行访谈,获取第一手的资料。此外,南张楼也保留有相关资料数据。对发展演变过程的资料研究,可以得到从自然形成的公共空间到城乡等值化实验过程的建设经验;对合作项目原始文件的资料分析,可以准确地把握建设中的得与失;对公共艺术、视觉文化相关文献进行研究,可以在实践案例与理论支撑方面得到实际可行的资料。因为国外在农村社区公共艺术研究和实践方面有不同的探索,所以相关的比较也是必不可少的,其中主要是德国的城乡等值化实验,这些实践通过不同的社会机构制定完善的方案,通过严格的程序,在公共空间环境与社区公共文化的关系方面形成良性循环。社会参与、当地遗产、具体的生活器具构成社区景观,创造体现传统文化、尺度宜人、环境优美、供人交流与休息的活动空间,从而整体改善社会文化,通过对相关问题的比较研究,提出中国农村社区公共艺术综合发展理念。

由此可见,本书的研究意义在于通过研究农村社区建设现状、"城乡等值化"实验的建设理论与方法、公共艺术在南张楼村的建设过程,以及公共艺术在南张楼村扮演的角色和产生的影响,来构建农村社区公共艺术建设理念。在研究国外的规章制度、建设方法、理论体系与公共艺术的基础上,总结超越地域性的普适规律和原则。通过研究中国传统村落建设理论、伦理道德观念与公共艺术的关系现状、城乡等值化建设、社会参与、社会结构与社会活动模式,以及如何使公共艺术在农村社区的公共空间中得到实践,理论与实践相结合,提出农村社区公共艺术综合发展理念。从相关调研来看,农村社区公共艺术是重要而被忽视的内容,因此具有现实的建设意义。在村庄革新慕尼黑研讨会上,当值主席阿洛伊斯·格吕克在开场发言中说:"在整体发展战略中一个重要之处在于:我们不能只是把农村看作城市经济和文化补充的边缘地带,而要将农村看作与城市息息相关的紧密连接的独立空间,正如我们生活在全球化时代,我们相互交换产品,相互之间也是紧密相连的,没有农村的呼吸,城市也会死亡。"①因此,农村社区公共艺术的建设是公众提高精神文化的需要,意义在于为目前农村社区建设领域改善农村社区公共文化提供实践依据。

三、相关研究及其视野

公共艺术在农村社区是公共文化的体现,对于公共艺术的理论研究,是交叉学科研究的成果,本书主要从视觉文化和公共艺术两个方面论述。公共艺术在20世纪初逐渐成为艺术家及社会公众关注的话题,杜尚的"泉"引发艺术与生活之间对话的话题,同时,20年代美国出台支持公共艺术的相关条例,因此,艺术家大量投入公共艺术的相关活动中。百分比计划更是促进了公共艺术的发展,不仅像玛雅·樱·林的越战纪念碑成为重要的公共艺术作品,而且在农村社区,凡是与公共建筑相关的,都受到百分比计划的支持,公共建筑的造型、壁画、雕塑等艺术形式在公共生活中扮演重要角色,成为环境的要素构成之一。由于其发挥的重要作用,人们对公共艺术的研究也由此出现转向,更加关注艺术与社会之间的关系,更多的是从社会发展的角度来论述艺术与社会之间的关系。关注人与艺术作品之间的关系,是艺术在当代发展的社会学转向,阿诺德·豪泽尔的《艺术社会学》、赫伯特·里德的《艺术与社会》、舒里安的《日常生活中的艺术》、拉尔夫·史密斯的《艺术感觉与美育》,除了论述艺术作品本身之外,更重视由社会发展和公众观念促使艺术风格转变的原因。在不莱梅正式提出公共艺术概念以来,由于不同艺术家的参与,公共艺术形式更加多样,大地艺术、包裹艺术、地画艺术等层出不穷。进入20世纪80年代以来,图像文化和视觉艺

---

① 阿洛伊斯·格吕克.我们未来如何继续相互学习并从中受益[C]//村庄革新慕尼黑国际会议文献汇编,2007:158.

术的转向使得公共艺术走到更广阔的舞台,媒体艺术、数字艺术等成为大众生活的一部分,美术学由此也走向"大美术"的范畴,相关研究也不能以精英或通俗来论述,如卡西尔-苏珊·朗格的图像学,格丽特·迪科维特斯基卡亚的视觉文化等,文化转向后的视觉研究把艺术研究推向视觉和符号化的意识形态。因此,当代公共艺术的创作与研究,与社会密切相关,与公共生活密切相关,同时,视觉文化的到来使得公共艺术的意义超出了作品本身,从而使艺术作品成为生活的一部分。在德国巴伐利亚州,公共艺术的建设和发展坚持城市与农村同等发展,农村社区的公共艺术不仅为居民提供了一个良好的生活环境,而且增加进了居民对居住空间的历史感和场所感。对此,慕尼黑地区通过出版一系列著作来不断改进,通过对问题的进一步探讨,不断加强公共艺术薄弱地区的发展。对于农村社区的公共艺术,不同国家的实践目的都一样,即改善居民的生活环境与质量,如英国的建筑师运动,即由建筑师深入社区,他们与居民一起改造居住环境,因为生活在本地区的居民了解当地的生活,只有做出适合居民的艺术才是"艺术即生活"。国外这种针对改善居民生活质量的做法,同样也值得在中国农村社区借鉴。

中国当代公共艺术的发展与国外公共艺术的不同主要还是在理念方面。20世纪80年代,公共艺术对于中国来说还是陌生的,大家热衷于接受国外的当代艺术形式,如超现实主义艺术、行为艺术等,还不能真正让艺术成为生活的一部分,而与大众生活密切相关的艺术大多被界定在设计的范围。而进入90年代以来,公共艺术逐渐被专家、学者、大众所认可,相关研究也大量出现,如孙振华的《公共艺术时代》、翁剑青的《城市公共艺术:一种与社会公众互动的艺术及文化阐释》《公共艺术的观念与取向》、易英的《公共艺术与公共性》等,他们从公共艺术的根本问题出发,解释公共艺术存在的原因与发展,对公共艺术的发展起到推动作用。虽然他们大多以城市中的公共艺术作品为研究对象,但是同时也提到关于农村社区公共空间与公共艺术之间的关系。而潘耀昌教授的《公共艺术与新农村建设》明确提出了公共艺术与农村建设之间的关系,提出了公共艺术的发展与为什么关注农村社区的问题,从更高的视角认识公共艺术在农村社区的作用,并提出鲜明的观点,为厘清公共艺术与农村社区发展之间的关系提出了思路。同时郑岩教授的《庵上坊》针对安丘农村一个牌坊的研究,也是对传统社区公共艺术研究的个案,他通过访谈等社会学方法,对牌坊进行细致的研究。公共艺术的社会学转向也成为一个重要的方法,利用质的方法对公共艺术进行研究也是深入研究的方法之一。公共艺术作为美术学研究的一个领域,90年代以来的"大美术"观念更是对此提供广阔的视野,如张道一的《我说"大美术"》等认为凡是与大众生活息息相关的艺术形式都可以看作美术学研究的范围,虽然范围过大,不能对美术学本身进行充分的界定,但是当代视觉文化的介入使得美术的研究不只是局限在国画、油画的范畴,公共艺术正作为一种重要的艺术形式进入公众的生活之中。高等院校对公共艺术的研究也逐渐形成体系,如上海大学的公共艺术体系是美院的特色,主办了《公共艺术》杂志,关注范围是全方面的。而进入21世纪以来,中国农村社区的发展也使得公共艺术逐渐进入社区之中,城乡概念区别的公共艺术逐渐淡化,尤其在中德合作的南张楼村,公共艺术更是在公众生活中扮演了重要的角色,其中国际研讨会文献《德中农村地区的可持续发展——见证山东和巴伐利亚》、袁祥生的《一个农民的德国情缘——青州南张楼土地整理农村发展项目纪实》记录了项目合作发展的整个过程。相关研究也表明,南张楼村公共艺术与公共环境的建设改变的不仅是环境,还有"人",由此可以看出公共艺术对农村社区建设的作用。

  不同阶段有不同的建设理论与方法,从20世纪80年代开始,农村社区公共艺术的实践主要集中在地方性的探索上,不同地区制定不同的农村社区建设方案,在公共艺术的建设方面还没有形成系统、有效的建设理论与方法,对公共艺术的规划、与艺术家的合作等方面刚刚起步。公共艺术的理论构建与农村社区建设应成为改善农村环境、村民精神生活和提高农民素质的重要手段,而不仅仅只是阳春白雪般的艺术。以上不同的理论与实践都相对关注农村社区公共艺术和公众生活的关系,但是具有一定的局限性,这种局限性主要在于农村社区公共艺术形态非常复杂，是动态发展的，它包含了不同形式的艺术，因此作为专题研究还需要进一步加强。而在中国当代公共艺术研究中，在农村社区主要是遗产保护方面，对特色鲜明的农村社区有较多研究，关于如何进行村庄革新、如何和公共艺术相结合的论述与实践都相对较少。原因在于目前处于变革相对较快的时期，相关理论需要一定的实践来验证。因而本书试图通过个案的研究，说明如何在农村社区进行公共艺术建设。

四、本书研究的范围及基本框架

本书的研究主要界定在如下范围：关注农村社区公共艺术与社会生活之间的关系，以中德合作项目南张楼村为研究对象，研究对公众生活产生影响的建筑、雕塑、壁画、民间艺术和公共空间环境；公共艺术的建设过程、机制、作用，公共艺术如何影响公众生活。从理论角度来看，公共艺术并不只是局限在以上范围，还包括商业环境影响下的视觉文化，现代生活影响下的公共设施，生态环境影响下的文化生态，公共权利制度下的公众性问题。因为公共艺术是建立在公民社会的基础上的，作为当代交叉学科的公共艺术研究，不可避免地与此产生联系，作为意识形态的文化表达，重点对对于公众生活产生影响的公共艺术进行相关研究，力图使目的更加明确、目标更加清晰。

本书以农村社区的公共艺术为基本出发点，首先以在社会发展大背景下中外冲突与交流中建设的南张楼村为研究对象，通过发现问题、认识问题、分析问题，比较研究、提出构想，关注公共艺术在社会转型期的功能与作用，公共艺术的社会功能不只体现在它的教化作用上，在日常生活中也起到重要的作用。公共艺术在农村社区建设中的作用还没有得到充分重视，公共艺术功能的挖掘还没有系统有效地进行，"自上而下"的灌输没有从根本上起到应有的作用，本书通过对以上问题的系统整理来明确研究的内容。视觉文化研究视野中的公共艺术是造型艺术的综合表现,美术学作为美术研究的综合性学科,关注点不只是"纯美术"的表现形式,其中公共艺术对于在农村社区提高村民的审美起到一定的作用。公共艺术的建设与社区公共空间环境,自下而上与自上而下的作用同等重要,社会意识形态的影响也不可忽视,从个案研究出发则能更清楚地认识研究的目的与意义,并更清楚地认识公共艺术在公众生活中的作用。

公共艺术在农村社区建设中的作用如何,影响因素是多方面的,既有国家政策、社会公众的认识方面的影响,又有艺术家在社会进程中的关注程度的影响,且与社会化的因素有关。分析农村社区公共艺术与视觉文化,可以使我们更清楚地认识到如何来进行建设。"城乡等值化"实验重点在于使农村公众享受与城市"等值而形式不同"的精神生活,有助于对农村社区公共文化的建设。在农村社区公共空间的公众活动、交流方式、传统社区和社会转型的基础上研究公共艺术的演变,我们可以认识农村社区视觉文化的重要性。在掌握农村社区视觉文化、公共艺术研究的基础上,通过对南张楼个案进行具体分析,可知当前城市化进程使农村社区不可避免地受到影响,如何实现形式不同但是价值相等的公共精神生活是关注的问题之一。在进行综合分析的基础上,关注由于社会进程的变化而带来的公共艺术的转变,公共艺术在农村社区公共空间中参与的程度越深,它对公众生活潜在的影响越大,社会发展和人口结构的变化也带来公共空间的变化,公众意识形态的转变也影响到公共艺术的内容与形式。

本书以1988年到2008年中德合作项目南张楼村为研究对象,视野是南张楼村公共艺术发展中的得和失,重点在于对农村社区公共艺术的构成、对公共空间环境和公众的作用进行研究,主要章节和结构如下:

导论,首先是对目前实际建设中存在问题的分析,通过实地访谈与调研,探讨本书研究的动机和目的。对研究范围做相关界定,对相关文献与实践进行综述,通过视觉文化、公共艺术的研究视角来审视这一问题,从更广的角度来进行研究,同时也论述全书的目的、方法和价值,提出总的研究框架,并对创新点做简要说明。

第一章,研究南张楼公共艺术与"城乡等值化"实验的基本框架和概念,目的是通过具体案例的分析引出目前普遍关注的问题,对社会变革过程中传统和现代观念冲突中出现的问题进行分析。公共艺术影响到不同年龄段人群的审美趣味,趋同现象和城市化进程影响到农村社区的视觉文化,从公众普遍关心的问题入手,研究南张楼村实施"城乡等值化"来改变公众观念的过程,并研究公共艺术建设带来的得失问题。

第二章,主要讨论南张楼村实施城乡等值化实验中公共艺术建设的机制及影响因素问题。建设机制包括自上而下(国家、政府及各级机构)和自下而上(社会公众,主要是村民参与),包括城市化进程带来的影响和南张楼传统观念对公共艺术建设产生的影响。对视觉文化研究视野进行阐述,有助于我们更好地把握公共艺术与公共生活之间的关系,确立农村社区公共艺术建设的构想。

第三章,主要研究公共艺术在南张楼村社会生活中的功能问题。它的功能主要是使南张楼村传统文化延续,是视觉文化的综合表现,空间的审美和审美的公共文化空间具有社会组织功能、教育和情感体验功能。本章主要目的在于通过对公共艺术的作用和公众之间互动的研究,强调视觉文化在农村社区建设中的作用,公共艺术的功能对公共观念转变的作用是潜移默化体现出来的,它是和社会发展同步发展的过程。

第四章,重点分析公共艺术在南张楼村产生的影响,主要分为内在影响和外在影响两个方面,内在影响主要是对公众生活的影响,由此产生社区居民的批评方式;外在影响主要是南张楼村由于村庄革新带来的社会影响,公共艺术与公共空间环境成为对外交流的窗口。研究表明,南张楼村"城乡等值化"实验引起不论公众还是机构对农村社区公共文化建设的关注,不同的批评促进南张楼村公共艺术的良性发展。

第五章,通过对"城乡等值化"在南张楼村实验过程和公共艺术的研究,概括在农村社区的建设意义:公众参与;教育、美化;形成地域化特色;形成生态文化;建立主动与被动的建设方式。初步确立农村社区公共艺术综合发展理念。

  第六章,社会进程对农村社区公共文化不断提出新的课题,在社会变革速度加快的前提下,公众生活的变化带来对公共精神文化的不同要求,公共艺术的研究视野也随着时代的变化而发展,如何把二者更好地进行结合,如何使公共艺术改善公众生活,需要更多的探讨,对此,公共艺术是动态发展的过程,对问题的延伸有助于进一步探索。

第一章 公共艺术与"城乡等值化"观

——以南张楼公共艺术建设为中心的考察

农村问题是中国发展的关键问题之一。梁漱溟在《乡村建设理论》中认为中国当时存在的核心问题是文化失调,提出以文化重塑人格,重新建立乡村社会结构是解决问题的关键。当代中国社会发展迅速,也相应地带来非常突出的农村社区公共文化问题,而在一系列的改革实验中,改善农村社区视觉文化,则成了迫切需要。其中,由德国巴伐利亚州推广的"城乡等值化"实验,在处理农村社区视觉文化上取得的经验,给我们提供了一个值得借鉴的范式。自 1988 年始,汉斯·赛德尔基金会与山东省青州市南张楼村合作进行农村改革,按照该基金会"城乡等值化"理念,以建筑、雕塑、壁画、民间美术和民间活动等视觉文化作为载体,通过在公众观念的转变、传统文化的传承、外来文化的介入等几个方面施加影响,从而在村庄革新中对公共生活发挥重要作用。所以,在这一理念指导下的南张楼村的"城乡等值化"实验,就特别重视农村社区中的公共艺术问题。而通过我们在这一章节中对南张楼的田野调查分析,我们认为这一实验实际上是一种通过艺术影响公众生活状态的努力。

一、"城乡等值化"与村庄革新

"城乡等值化"是德国 20 世纪 50 年代在巴伐利亚州(图 1-1)开始

图1-1　巴伐利亚位置图

（巴伐利亚州是德国面积最大的州）

进行的一项针对农村发展模式的实验,又称"巴伐利亚实验",主要理念是:通过土地整理、村庄革新,实现"与城市生活不同类但等值"①。实验包括土地整理和村庄革新两部分,其中,村庄革新在传统文化保护、公共文化建设方面对农村社区公众生活、农村文化和公共环境建设起到重要作用。德国巴伐利亚州面积70518平方千米,人口1267万,首府慕尼黑,以丰富的文化资源和极具特色的民俗文化著称,其著名的乡村景观和自然地理环境在国家整体发展中具有重要地位,主要原因在于其实行的国家统一发展战略,由汉斯·赛德尔基金会②发起

---

①　袁祥生.一个农民的德国情缘——青州南张楼土地整理农村发展项目纪实[M].北京:中国文联出版社,2007:219.

②　汉斯·赛德尔基金会是德国的一个政治性基金会,和大多数政治性基金会一样,视传播公民教育和维护政治性观点为责任。汉斯·赛德尔基金会在全球有63个发展项目,在中国有12个,所有项目的共同之处在于:在愿意不受意识形态影响的情况下,提供技术援助及互访,以及通过适当的资金援助来帮助其他国家进行自助。

的"城乡等值化"在发展中起到重要作用。巴伐利亚州农村面积占全州总面积的87%,60%的人生活在农村,该州是德国面积最大的州,下设7个专区、25个市、71个县及约2000个乡镇。①农村对巴伐利亚来说意义重大,代表巴伐利亚州品牌的乡村特色更为之增添色彩,绚丽的文化景观是巴伐利亚最重要的特色之一,乡村文化成为巴伐利亚州的重要资源。

提出和实行"城乡等值化"的历史背景,是1942年后在欧洲尤其是德国农村问题非常突出。当时,欧洲农村的医院、学校、道路等基础设施严重缺乏,薄弱的产业结构使大量人口离开农村,农业凋敝使城乡社会差别迅速拉大,同时造成城市的不堪重负,在就业、环境等诸多方面存在严重的隐患。在这种时代背景下,赛德尔基金会所倡导的"等值化"理念开始发挥作用,它通过土地整理、村庄革新等实现在农村地区生活但不降低生活质量,从而达到与城市生活不同类型但等值的目的,使农村经济与城市经济得以平衡发展,它明显地解决了农村发展的关键问题。它的内涵在于提高农村地区的生活质量,视觉文化和公共艺术在其中扮演了重要角色,成为农村社区公共文化的主角。这一计划自20世纪50年代在巴伐利亚开始实施后,成为德国农村发展的普遍模式,并自1990年起成为欧盟农村政策的发展方向。2007年巴伐利亚州53%的国内总产值是由农村地区创造的,农村为人们提供了高质量的生活、经济、文化和自然环境,同样也具有巨大的经济实力和竞争力。由于社会发展处于不断变化之中,人口的流动和变化对巴伐利亚州来说有重要影响,农村的挑战在于人口的急剧负增长,预计2050年负增长9%,2050年75岁以上的老人比现在增加80%,小学生人口减少约25%(图1-2)。②对人口变化和转移的分析是进行农村地区投入的前提,是发展和实施"城乡等值化"的基础。巴伐利亚州在20世纪50年

---

① 约瑟夫·米勒.德中农村地区的可持续发展[C]//山东省和巴伐利亚州国际研讨会文献汇编,2007:27.
② 汉斯·史比斯纳.农村地区对国家社会未来发展的意义[C]//慕尼黑国际研讨会文献汇编,2007:38.

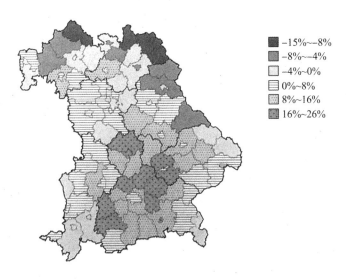

图1-2 巴伐利亚州2000—2050年人口增长率分布预测

代初就针对人口问题的发展变化来应对农村地区发展的投入问题,通过对2000—2050年人口变化的预测和分析,加大对相对薄弱地区的投入,如增加人文资源的投入,制定经济发展和可持续发展等战略,使城乡整体发展。巴伐利亚州城乡等值实验为其整体发展、文化建设、自然景观展示等特色文化创造了丰富的条件。

在整个项目的实施与发展中,重点在于提高居民生活环境、保护传统文化、提高居民参与度。在农村公共文化方面重要的是创造稳定的社区历史文化资源,对历史传统文化进行保护和创新,从而有利于居民获得归属感。它的总目标是:在各地保护和创造等值的、健康的生活与工作条件,而"等值"不等于"同类"甚至"彼此一模一样",城市不同于农村地区的生活,但是在农村地区并不应该降低生活质量。① 德国农村社区相对城市来说,它的精神生活具有历史性、传统性和地域性,这与农村长期形成的地域特点和稳定性有关,这种特点在中国的乡村地区同样存在。《德国巴伐利亚州村庄革新纲要》通常适合于不超过

---

① 袁祥生.一个农民的德国情缘——青州南张楼土地整理农村发展项目纪实[M].北京:中国文联出版社,2007:85.

2000居民的村庄,主要任务是:消除不合理的建筑物与地块、改善交通状况,以确保农场未来的发展、改善居民的生活和工作条件。① 在居民的生活条件方面,公共环境、交流与沟通空间、娱乐、传统文化等方面是建设的重点,旨在增加农村居民的文化素质,从而提高农村居民的精神文化水平。

在村庄革新方面,巴伐利亚州重点在于帮助农村地区当地居民营造、保持一个适宜居住又有活力的生活和工作环境,村庄革新项目致力于提出有创新意识的课题,例如关于各类生活供应的保障问题,关于改善公众生活状况的问题,关于环境保护的问题,关于各年龄段人群的问题等。城乡等值化建设理念所追求的目标是农村与城市生活"不同类但等值",模式构建是建设的基点,立足于农村并结合农村特色,突出农村特色价值,实现城乡价值等同,而不是要将农村城市化(图1-3)。为此,城乡等值化确立的核心思想是让农民在工作条件、就业机会、收入水平、居住环境、社会待遇等方面与城市形态不同类但等值,追求与城市不同但更符合农民需求的生产和生活方式,使农民在农村居住不仅是出于环境和职业选择,而且能在农村安居乐业,安心建设农村。在德国,大量的重要企业分布在农村地区,为人们提供大量的就业机会,博物馆②、文化设施布满乡村。从整体来看,农村地区的居民和城市居民生活的区别并不大,甚至人们更乐意居住在乡村。在普兰克施泰滕村(图1-4),公共活动空间和地域特色是通过独特的教育来实现的,教育与历史文化传统(包括建筑、公共活动空间、雕塑、壁画)成为教育公众和提高公众精神文化水平的重要因素。

---

① 徐雪林,杨红,肖光强,等.德国巴伐利亚州土地整理与村庄革新对我国的启示[J].资源·产业,2002(5).
② 根据南张楼村中德合作项目负责人袁祥生的介绍,在德国,乡村居民重视历史遗产的保护,甚至在居民家中都有个人性质的小型博物馆,这对保护当地的历史文化、增加传统特色和加强居民的自豪感起到重要作用,成为改善居民生活质量的重要因素。

图 1-3　德国的乡村特色

在巴伐利亚州农村地区,乡村整体成为一种公共景观,整体的色彩与建筑造型营造了独特的视觉形象,作为一种公共文化,与居民生活紧密地联系在一起。

图 1-4　普兰克施泰滕村鸟瞰

在普兰克施泰滕村,修道院与教育环境成为重要的公共活动空间,独特的公共艺术无处不在。

德国的土地整理与村庄革新历史悠久,它开始于13世纪,16世纪开始迁移农庄等工作,1918年颁布农地整理法,1937年全德制定统一的土地整理法,此时的重点还在土地问题,1953年7月14日颁布的土地整理法,在国家层面首先重视整体发展问题。从1970年开始,主要内容为村镇改造、自然保护和景观保护,目的不再仅仅是提高农业产量,而是针对居民公共文化建设。德国巴伐利亚州第一个地块合并的书面文件可追溯到1250年,1886年德国巴伐利亚国王路德维希二世签署了第一部土地整理法,巴伐利亚州现行的土地整理法就是在它的基础上逐步修订完善的。[①] 尽管"城乡等值化"观念包含城乡协调发展的内容,但在实质上是希望建立一个相对独立于"城市文明"和"西方文明"的"第三种文明",即"农村文明"形态,或者说希望用宁静祥和、安乡守土、自给自足的乡村来和城市相"对峙",并在对峙中实现价值等同。[②] 通过该项目的实施与发展,巴伐利亚州在村庄革新方面的发展是令人瞩目的,居民在一个和谐、可持续发展、优美的环境中生活。18世纪前10年,米歇尔·魏尼希(1645—1718)完成了对上、下巴伐利亚公国的记录,这一无与伦比的艺术品用750幅铜版画(图1-5、图1-6)刻画了当时巴伐利亚的城市、修道院、宫殿和教区等,巴伐利亚州至今保存了这一文化遗产,并制作出该铜版画的复制品,使得这一历史画面再一次生动地呈现在人们的面前。历史文化遗产的保护和挖掘对传统文化的延续有重要作用。

"城乡等值化"实验中强调"公共"的作用。在公共艺术与公共文化建设方面,重点在于定期拟定一定的历史文化调查表并将结果汇入村庄革新的项目中,研究农村居住区的历史文化特色和典型形象,不论对乡镇工作人员还是居住区公民来说,都能起到重新强化其对居住区

[①] 徐雪林,杨红,肖光强,等.德国巴伐利亚州土地整理与村庄革新对我国的启示[J].资源·产业,2002(5).

[②] 胡振亚."城乡等值化"实验及其对我国新农村建设的启示与借鉴价值[J].湖北行政学院学报,2007(5).

图1-5 路德维希时期的历史状况(一)

铜版画

图1-6 路德维希时期的历史状况(二)

铜版画

发展和家园建造的作用。① 历史遗产往往成为公共空间中的艺术品（图1-7），历史文化研究和保护对乡村特色建设有重要作用，而公众的参与对历史文化的保护和对乡村特色的建设提供了可靠的依据。法兰克社区的公共空间不仅成为人们休闲、交流的场所，提供相应的公共设施，也包括建筑、雕塑、壁画、民间活动等（图1-8）。在20世纪50年代到70年代，包括对2000年到2050年的人口变化预测，为未来村庄革新的提供依据，并提出未来的重点在于村庄内部的发展，改用和启用闲置的建筑，修缮现有的楼房，同时在很多地方重建地方活动中心。村庄革新的主要宗旨是：将来要保证所有地区能拥有相同的生活和工作条件，保证巴伐利亚所有人能得到公平的教育机会和便利使用所有基础设施的权利。② 在这一村庄革新项目中，既是"自上而下"，也是"自下而上"的，从州政府到普通居民都参与进来。

图1-7　农村地区的历史文化遗产

---

① 李奥哈德·瑞尔.农村地区的居住区和居住[C]//慕尼黑国际研讨会文献汇编,2007:51.
② 艾米丽亚·米勒.我们未来如何继续相互学习并从中受益[C]//山东省和巴伐利亚州双边学术研讨会致辞讲话[R],2007:165.

图1-8　法兰克社区的公共生活

　　可以看出,德国农村实施的"城乡等值化"是以人为核心的,建筑、博物馆等是对居民历史文化的延续,作为一种重要的公共艺术而存在,那么他们是如何保障实现目标的呢？在村庄革新项目的整体运作中,完整的管理体系是完成和达到目标的保障。这个管理系统,主要包括如下密切联系、相互影响的组织结构：德国巴伐利亚州农村管理局、农村综合发展部门（提出农村社区发展主要内容）、农村社区管理部门（包括村、镇管理者）、村庄更新项目管理部门、农村基础设施投入管理部门、区域管理部门、奇异项目管理部门（包括文化景观等）。从以上主要组织结构就不难发现,无论是政府层面的重视,还是建设主体（村民）的参与,都是保证项目顺利实施的关键。村庄革新项目使得居民和合作者共同创造美好未来,在公共艺术和公共空间环境方面,主要措施是通过与合作人员展开对话,共同确立目标并付诸实施,通过具有前瞻性的眼光和对未来的设想、充满活力的公共文化和自我负责的意识,强调居民参与的重要性,使公众的观点与意见都得到充分的尊重。同时加强公众的历史意识,"城乡等值化"实验强调对历史文化的传承和保护,历史建筑是其中的重点,博物馆、重要建筑和传统文化保护对历史文化的传承起到重要作用;社区建设重视公共环境,有吸引力的居住和工商业环境为居民提供良好的交流与工作条件;解决就业和劳动力就地转化问题是国家政策的引导,农民安心留在所生活的土地对解决大城市就业压力起到重要作用。村庄革新能保持良好的村庄形象,整体视觉文化建设成为德国乡村的重要特色,乡村让公众更加感到生活的美好。农村社区的建筑、装饰、公共形象等视觉语言不仅有造型特色,而且包含了色彩、地理景观等各种要素;修复和尽可能地利用文物建筑,保持当地建筑群风格,使传统的历史建筑不仅成为当地的旅游特色,而且具有教育、审美的功能(图1-9)。同时加强基础设施、公共设施和娱乐设施建设,公共设施成为改善乡村生活的重要基础;修建适合农村环境的

图1-9　巴伐利亚州乡村风光

公共空间,如何建设和公众是否需要成为前提,改善农民的生活和工作环境,采取保留优势和解决问题的发展道路,使农村景观和种植景观形成和谐的生态网络,重新恢复溪流、篱笆护围等自然面貌;借助于正确的个人管理使土地尽其所用,用得其所,在专业上和资金上扶持个人在房屋与庄园上采取的有关措施,统一落实规划与措施。以上措施对村庄地域化特色、历史文化、可持续发展战略、公共设施、公共艺术、公共活动空间等都产生重要的影响。因此,公共艺术的内涵及外延在村庄中得到实践,通过公共空间环境影响公众的生活,对农村社区的发展有重要作用。巴伐利亚州完善的管理为农村社区公共艺术、公共空间建设提供了保障,把"公众"放在重要的位置,人与环境和谐发展,历史遗留的构件成为生活中的公共艺术品,不仅公共艺术对公共生活产生重要影响,使居民产生归属感,而且历史遗产保护和公众意识对发展策略提供依据,公共艺术成为农村地区的独特景观。如位于施泰因加登镇的维斯教堂(图1-10)和普兰克施泰滕村的教育环境,是世界文化遗产

图1-10 维斯教堂

维斯教堂是维斯地区著名的、富丽堂皇的一座朝圣教堂,位于阿尔卑斯山脚下,由约翰·巴菩提斯特于1745—1754年建造,具有恢宏的洛可可风格。

和公共文化发展的体现,而且对周围居民的精神生活、公共活动产生重要影响,作为重要的公共艺术产生积极的社会作用。

为应对不同时期的发展状况,巴伐利亚州"城乡等值化"在2006年9月村庄革新的修订案中制定的主要原则是:坚持以"等值原则"为指导目标,城市和农村应当联手发展,而不是对着干。这一指导目标的执行与贯彻涉及政治、社会的各个层面,要求每个人的参与,基础薄弱的农村地区有"优先原则";对公共设施的需求采用"维持原则"(主要针对人口减少的社区);对社区公共设施实行"开发原则"。① 公共设施、建筑、遗产、就业等根据人口的变化进行不同的投入(图1-11),在坚持城乡等值一体化发展的基础上,不断进行的改进使"城乡等值化"走上良性发展的道路。

图1-11　德国乡村公共设施建设为公众生活提供良好的条件

"城乡等值化"实验曾在"二战"之后有效地消解了西德乃至整个欧洲城乡差距拉大、大量农业人口涌向城市等社会问题,其核心是实现"农村与城市生活不同类但等值"的理念。正如赛德尔基金会的总干事所说:"异国他乡的客人到巴州后,总被巴州的美丽所吸引,而出乎他

---

① 汉斯·史比斯纳.农村地区对国家社会未来发展的意义[C]//慕尼黑国际研讨会文献汇编,2007:39.

们的意料,他们看到了一个既有发达的高新技术又有万物和谐共存的巴州。"城乡等值化"是一个系统工程,包含内容繁杂,而本书所关注的,正是其文化建设中的公共艺术问题,关注公共艺术在居民生活中的作用。在中国,"三农"问题无疑是当代社会普遍关注的问题,农村问题中"人"的问题是重中之重,因为无论是经济建设还是农村社会转型,农民问题都应当是解决问题的基础,只重视城市的发展是畸形的,是不利于社会和谐的。改革开放30多年来,农民观念问题成为制约农村发展的因素之一,只有人的思想观念得到转变,社会才能整体进步。在目前,国家打破城乡二元结构,带来农村深刻的变化,农村人口的流动、农村社区公共环境建设、城市化带来的问题等是目前面临的重要社会问题,如何让农民安心生活在农村并过上幸福的生活,如何让农民享受到与城市不同但是"等值"的精神生活,如何让公共艺术走进居民的日常生活,实现巴伐利亚州那样的"城乡等值化",是中国农村面临的最迫切的现实问题。

二、南张楼"城乡等值化"实验进程

南张楼村是一座典型的北方村落。有关南张楼村的起源,当地的老百姓流传着一首打油诗:

张家盖了一座楼/一步一步到了楼上头/伸手揽住天边月/压倒江南18州。①

虽然没有确切的文字记载,但根据这首打油诗所提供的线索,我们大致可以知道,南张楼村约在600年前在一条小河边建村,因位于"张家楼的南面"而得名(图1-12)。张家可能是当时的大地主。据村民介绍,南张楼网状的村庄布局、紧凑的建筑风格可能源自明代,目的是节

---

① 袁祥生.一个农民的德国情缘——青州南张楼土地整理农村发展项目纪实[M].北京:中国文联出版社,2007:4.

图 1-12　南张楼位置图

南张楼距离青州市向北约 40 千米。

约珍贵的土地。① 南张楼村地处青州市北部,距青州城区约 40 千米,全村有 1000 余农户、4200 多村民,原有土地 300 余公顷,自 1988 年以来,该村的自然人口基本稳定在 4000 人左右。它明显的特点是不靠城,不靠海,不靠大企业,不靠交通要道,无矿产资源,人多地少,是典型的北方平原村落。在 1988 年以前该村无硬化道路,主要为草顶住房,人均年收入 1000 余元。

1988 年由德国汉斯·赛德尔基金会和中国山东省推行了一个联合项目,在山东青州南张楼村进行农村改革,即"城乡等值化"实验。其主要目的是改善农村基础设施,提高农民生活质量。这一实验持续了很

---

① 彼得·杨克.南张楼村庄发展方案[C]//山东省与巴伐利亚州双边学术研讨会论文集,1997:147.

长一段时间,产生了广泛的影响,在建设过程中有得有失,既有值得借鉴的经验,也有德方认为失败的教训,但不管怎样,这一实验见证了巴伐利亚模式在中国的发展过程。① 它的最终目标在于证明:在农村生活并不代表必须降低生活质量,为追求幸福的生活,中国农民并非一定要涌入城市,留在土地上同样可以幸福生活。该项目主要包括片区规划、土地整合、机械化耕作、农村基础设施建设、修路、发展教育等多项措施。赛德尔基金会在南张楼村进行实验的目标明确:改造环境,改良生产,完善基础设施。其中一个重要组成部分是村庄革新,重点在于保护传统文化,改善公众生活条件,让农民有一个美好的生活环境。公共艺术建设也随着项目的进行而展开,村庄革新中公共艺术建设产生两个方面的影响:一是改变了村容村貌,公众积极参与;二是公众对公共环境的认识促进了公共艺术的建设,公共艺术建设和公众观念转变是同步发展的。

实施"城乡等值化"实验的主要原因是:中国和德国在现代化进程中虽然国情不同,经济发展水平不同,但是面临的问题是相同的,即社会转型中城乡的差别和农村社区公共文化观念的缺失。中国自改革开放以来,农村人口大量向城市迁移,农村出现大批剩余劳动力。南张楼村,大量人口到城市打工,城市的口号是多长时间内人口达到多少,城市面积扩大多少,德国人认为这是个问题,应该解决它。② 在德方看来,德国在农村建设中走过同样的道路,在现代化进程中有城乡差距拉大、文化失调等问题,希望中国农村不要走同样的道路。50年前的德国面临农村人口涌入城市的问题,农业凋敝,交通落后,自然环境和基础设施恶化,城乡差距越来越大,德方负责人维尔克说这就是今天中国的现

---

① 高丽丽."巴伐利亚试验"的中国模式——对山东省青州市南张楼村中德新农村建设的调查[J].农村工作通讯,2006(7).在"城乡等值化"实验中,主要是:(1)村镇集体发展规划;(2)产业结构调整;(3)保护传统文明(建设民居,建设公共活动场所);(4)加强教育。重视除了生产以外的活动方式,加强文体娱乐,日常的活动像吃饭、穿衣一样重要,虽然生活在农村但享受到与城市"不同类但等值"的服务。本实验非常重视社会建设与环境建设,卫生、环境保护、文化建设并行,而且都被提到非常重要的位置。

② 根据张琦对南张楼村村委会主任袁祥生的访问整理,2008年11月20日,录音整理:朱珠。

实,德国已经走了弯路,希望中国不要再走。① 村长袁祥生②(图1-13、图1-14)改变南张楼村愿望强烈,对当时急于改变生活状况的南张楼村

图1-13　20世纪70年代的南张楼村
左站立者为村委会主任袁祥生。

图1-14　笔者在调研期间(2008年11月)对袁祥生进行访问并合影

---

① 徐楠.南张楼没有答案——一个"城乡等值化"试验的中国现实[J].经济与科技,2006(4).

② 袁祥生(1948—　)男,汉族,山东青州何官镇南张楼村人。小学文化,高级经济师。山东省农业劳动模范、山东省尊师重教先进个人,获得山东省生态农业科技成果一等奖。曾任南张楼村林业队队长、党支部书记、党总支书记、党委书记。现任中德土地整理与农村发展合作项目中方负责人。引自:袁祥生.一个农民的德国情缘——青州南张楼土地整理农村发展项目纪实[M].北京:中国文联出版社,2007:封底.

居民来说,争取外援是尽快改变村庄面貌的捷径。

南张楼村项目可以追溯到1975年,是年巴伐利亚州州长弗朗茨·约瑟夫·施特劳斯对中国进行访问,1980年巴伐利亚州与中国开始合作,1987年7月9日,时任山东省副省长马世忠与弗朗茨·约瑟夫·施特劳斯签订协议,正式开始各项项目的合作,1988年赛德尔基金会莱纳·盖博特博士访问山东,寻找乡村改造的合作机会。南张楼村基础设施落后,自然条件差,这是德国选中它作为试点的原因之一。1988年11月29日,南张楼村土地整理与村庄革新开始运作,1990年11月到1991年3月完成土地整理,1991年实施地下排水管道系统建设,新建住宅、工商业区、幼儿园、村活动中心、医务室和中学等。村庄革新为公共空间与视觉文化的建设做了必要的前提准备,实施该项目之初,中国改革开放向纵深发展,农民对改善自身生活有了强烈的愿望,国际交流的加强和差距意识的提高促进了南张楼村实施革新计划,争取项目和资金对农村来说成为关键。1985年到1990年间,南张楼村的经济发展有了很大进步,但是人均收入并不高,从实施"城乡等值化"项目以来,山东省的增长比例比较高,从农业政策来看有一定优势,2005年南张楼村实现工农业总收入3.786亿元,完成利税2500万元,全村1021户4000人,人均收入6080元。[①]南张楼村村民人均收入是全省平均水平的1.73倍,与北京地区农村的平均收入持平(表1-1、表1-2)。

表1-1　2000年、2005年中国部分农村地区人均收入情况比较

地区	2000年	2005年	增长
北京	4605元	6170元	34%
上海	5596元	7066元	26%
山东	2695元	3507元	30%
贵州	1374元	1721元	25%

数据来源:《中国统计年鉴(2005)》。

[①] 高丽丽."巴伐利亚试验"的中国模式——对山东省青州市南张楼村中德新农村建设的调查[J].农村工作通讯,2006(7).

表 1-2 1985 年—1990 年南张楼村主要经济指标

指标	1985 年	1987 年	1990 年	2005 年
总产值	900 万元	1200 万元	2000 万元	37860 万元
总费用	546.5 万元	769.5 万元	1221 万元	2500 万元
纯收入	353.5 万元	430.5 万元	779 万元	3432 万元
人均收入	900 元	1100 元	2000 元	6080 元
产值结构统计	100	100	100	100

数据来源：南张楼村 1985 年上级来文总结报告及沙发厂账目结算。

在该项目落户之前，南张楼村的村庄面貌、收入水平等在青州属于中等偏下水平，而德国人看中的正是该村当时的这些天然劣势，南张楼村支部副书记袁行友向《中国经济周刊》回忆说，当时青岛和烟台有两个更发达的村子也想竞争这个项目，最终德国选中南张楼村作为合作方，因为在德国人看来，南张楼村更符合他们心目中的典型中国北方农村的形象。"城乡等值化"实验在南张楼村符合当时中国农村的实际情况，为农村社区建设提供了新的思路。

该项目在 1988—1990 年为准备阶段，1991—1996 年为实施阶段，1996 年以后是项目进一步发展阶段。1990 年经德方专家和南张楼村支部及村民委员会的详细考察、论证，在全体村民代表大会上通过以后，确定了南张楼村的整体远景规划，将南张楼村划分为 4 个功能区：村东为大田区、村北为文化教育区、村西为工业区、村中心为居民生活区。① 应德国要求制作的红外线影像图是为了整体规划航拍的，可以全貌展示在项目实施之初的状况（图 1-15）。功能区的划分，为南张楼村的规范、有序发展奠定了良好的基础，其中在文化教育区和居民生活区建设公共活动空间，公共艺术成为公共空间环境的要素，建筑、雕塑、壁画、公共设施等对改善公共环境的视觉形象起到重要作用，它们成为南张楼社区视觉文化的重要载体。

---

① 引自《青州市何官镇南张楼村土地整理与村庄发展情况汇报材料》，资料提供者：南张楼村办公室主任袁崇永。

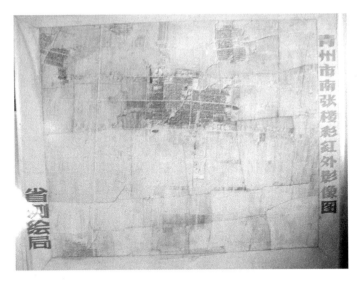

图1-15 应德方要求做的南张楼红外线影像图

南张楼项目1988年的建设目标是：逐步建成以学校、福利院、运动及休闲场所和卫生所、幼儿园、敬老院等为主的文化娱乐福利服务中心，提高全体村民的福利。1993年形成一定的规模，2000年改善以上设施条件，完成了全部的配套设施。规划在村中心建设10000多平方米的广场，内设自行车和机动车停车场等其他设施，根据需要扩大、改善原有集市贸易场所，逐步建成商业区。① 1991年南张楼村的目标是使农村人口有准备地面对由生产模式的改变带来的变化，改善村庄公共生活和劳动条件，完善公共环境及公共设施，公共空间环境成为建设的重要目标，使村民愿意留在村里。② 其中村庄革新总体目标为：改善工业和工作条件；改善社区居住和工作环境；发展村庄经济；带动可持续发展。③ 关于保护农村民族传统文化，项目开始就明确提出通过教育与公共文化来推动社区发展，这与我国新农村建设中提出的"乡村文

---

① 青州市档案馆.何官镇南张楼村土地整理村庄革新五年规划方案[Z].1988.
② 袁祥生.一个农民的德国情缘——青州南张楼土地整理农村发展项目纪实[M].北京：中国文联出版社，2007:60.
③ 可持续发展目标是：各地区生活水平的等值化＝机会均等，社会和谐发展包含4个方面：经济目标、文化目标、社会目标、生态目标。

明"建设不谋而合,但是乡村文明建设是综合性的,农村社区公共文化只是实现乡村文明的途径之一。

赛德尔基金会项目首先在理念与资金方面进行投入,最初投入(见表1-3)主要用于生活条件和居住条件的改善(房屋、建筑、供水、排水)、交通建设(道路、街道空间的规划、交通分流和停车场、人行道、照明设备)、村庄建设(村中心广场、美化环境、绿化布置)、娱乐与休息(运动场、游艺场)、商业服务(日用百货等)、社会福利(电影院、敬老院、医院)等方面。但德方投入的重点并不在于资金方面,而是基于"援助旨在自助"的原则。1998年完成的主要任务是村中心办公大楼、贸易中心、工业大院、医疗站、教学区(包括幼儿园和中小学等)、娱乐场所的公共空间环境建设,这一年南张楼村庄规划见表1-4。

表1-3 1991年赛德尔基金会在南张楼村资金投入情况[1]

(根据慕尼黑赛德尔基金会与山东省青州市会谈协议制表)

投入项目	改善幼儿园、小学	幼儿园器材	信息中心设备	传真机	车辆	其他	合计
资金(马克)	8000	6500	10000	1500	24000	50000	100000

数据来源:赛德尔基金会与山东省青州市会谈协议。

表1-4 1988年南张楼村庄规划[2]

革新规划总的原则	村庄规模	革新发展方向	村庄功能
布局紧凑、功能合理、节约用地、控制污染、发展生态、有利于生产、方便生活	按村庄人口12%增长速度,到2000年适当改造一些低洼土地作为村庄建设用地	村庄规划为村民居住生活区、村办工业区、文化福利教育区和商业服务区。住宅既突出地方特色,又注重新颖,体现自然美	近期(5年内)不便进行大面积的房屋更新,但必须按规划(选址、造型、层高、色彩)的要求,统一安排;到2000年逐步改善住宅功能,实现革新目标

资料来源:《何官镇南张楼村土地整理村庄革新五年规划方案》。

---

① 资料来源:慕尼黑汉斯·赛德尔基金会与山东省青州市会谈协议,1991年4月18日,中方代表:袁祥生(南张搂村长);德方代表:雨尔根·维尔克(汉斯·赛德尔基金会)。

② 资料来源:青州市档案馆。

建设是在文化观念的冲突中发展的。由于发展理念不同,在"文化"与"经济"的关系上,中德双方产生了一些分歧,德国方面认为重点应在"人"的建设,在于提高居民素质和提升公共文化观念;而南张楼村方面认为重点在经济建设,认为要先有钱而后才能进行公共文化建设。自1988年以来,德赛尔基金会投入1000万元,村集体投入了800多万元,各级政府投入2700余万元,将村南荒废的南团湾(水塘)建设成村中心公园,为村民提供了一处高标准的休闲娱乐场所。[①] 公众生活环境、传统文化、精神文化生活是村庄革新的重点,在村庄革新的过程中要求村民参与,凡是涉及农户利益的结构调整、土地与住宅变动等,都要召开大会广泛与村民讨论,只要有1户农民不同意,就不能确定规划方案,确保村民的"私权自治"。在项目开展的过程中,南张楼村民逐渐形成了参与村政的热情,敢于发表意见,村民自治凝聚了全村人的智慧。[②] 不同的参与方式推动了项目的发展,公众对公众文化和视觉文化的期望促进了公共艺术的建设(图1-16—图1-18)。

图1-16　南张楼村土地整理

[①] 南张楼村委会.南张楼村新农村建设工作汇报材料[Z].2006.
[②] 徐雪林.中德土地整理合作对中国农村发展的启示——以山东省南张楼村为例[C]//慕尼黑国际研讨会文献汇编,2007:102.

图 1-17　中德双方代表参与研讨

图 1-18　德国专家帮助规划

在南张楼村的建设过程中,教育被放在村庄革新与公众精神文化建设的重要位置,1994年到1995年,赛德尔基金会分批选送南张楼村的小学教师到上海、阜阳等地培训,中学新建了图画室、微机室、劳技室等。幼儿园和小学的桌子设计成半个椭圆的形状,拼起来孩子们就能围成一圈;中学的桌子做成梯形桌面,几张桌子能拼出个封闭的形状,提供了大家围坐讨论的空间。幼儿园南侧盖了长廊、亭子和小型雕塑,整片区域被划定为"村民休闲用地"。① 公共空间环境中建筑等成为改善视觉文化的要点,2000年"南张楼文化中心"落成,这是一座礼堂,全村共有1013户,这里有1013个座位,但欧式立柱和欧式色调使它呈现出很不"中国"的风貌,被德国专家说成是"建筑垃圾"。中德之间发展理念的不同导致对公共艺术产生不同理解。2002年,民俗博物馆在文化中心北侧落成,这是袁祥生去巴伐利亚农村考察时的学习成果,挑角飞檐的两重院落,完全是中国古典建筑风格。文化设施、村民参与、公共艺术的建设在南张楼改善了公共文化环境。

"城乡等值化"项目在南张楼村实行以来,南张楼村出现重大变化,而变化最大的是村民的精神状态,而这种公共观念的转变其影响是长期的,是和公共艺术的建设同步的。袁祥生认为土地整理与村庄革新项目让南张楼村的人打开了眼界、见了世面,让南张楼村村委会知道该把钱投到什么地方,别的村尝到的是改革的甜头,南张楼村更多地尝到了开放的甜头。② 公共艺术不仅改变了环境,而且促进了南张楼各个方面的发展,到2005年,村庄革新在土地整理的基础上出现重大变化,总产值4.2亿,人均收入6580元,2006年在公共事业建设中有医院、中小学、幼儿园、文化中心、博物馆、公共活动中心等文化教育设施。与1988年前相比,南张楼村出现了巨大变化,有令人满意的幼儿园、中小学教学楼及配套设施、公共办公环境、医疗环境、路面环境;建成群众聚会、

---

① 徐楠.南张楼没有答案——一个"城乡等值化"试验的中国现实[J].经济与科技,2006(4).
② 袁祥生访谈[N].中国经济周刊,2005-09-26.

参政议政的场所;生态环境形成良性发展;村民收入逐年提高。派出的留学生、研修生、劳务工更新了农民的思想观念,南张楼村不再是闭塞的环境。[1] 袁祥生说:"这是德国赛德尔基金会在中国农村做的一个实验,就是怎样能把农民留在土地上而不是一股脑儿涌向城市。"而德国人的经验来源和根据则是第二次世界大战后,德国政府通过改善农村设施,将农民成功地留在土地上的"巴伐利亚经验"。[2] 现在南张楼村子的北部是一座清新典雅的红色三层教学楼,在这里孩子们可以接受"双元制"的素质教育,在文化功能区有南张楼博物馆和文化中心,文化中心前有绿草如茵的广场、造型别致的雕塑,还有现代化的体育设施,让这里看上去与城市的文化活动场所没有什么差距。公共空间环境、公共艺术、公共文化建设成为南张楼村庄革新中看得见、摸得着的东西,南张楼是20世纪80年代以来在中外观念交流与冲突中发展的农村社区,成为当地甚至是全国各地参观学习的样板。

南张楼公共艺术建设是一个很小的项目,它主要是对中国农村社区的一个改造实验,农村也是一个小社会,麻雀虽小,但五脏俱全,教育、医疗、卫生、经济、政治、文化、艺术等在小社会中也是存在的。[3] 在公共艺术与农村社区的建设过程中,"城乡等值化"实验提供了一个通过公共艺术、公共环境、公共文化来建设农村社区,通过建筑、雕塑、壁画、公共环境、民间艺术改善现状的模式。但这是一个没有终结的实验,原因是其距离最初的构想还有很大差距,在建设过程中视觉文化、公共艺术对公众的作用有值得探讨的地方,公共艺术在实际生活和改善公共空间环境方面起到很好的作用,公共艺术社会功能具有很好的体现。而主要讨论的问题是:中国与德国两个国家的政治体制不同、社会结构不同、文化和心理状态不同,从各个方面来说,

---

① 袁祥生.一个农民的德国情缘——青州南张楼土地整理农村发展项目纪实[M].北京:中国文联出版社,2007:263 – 264.

② 南张楼村原村党支书袁祥生告诉《中国经济周刊》记者,在这15年里德国赛德尔基金会一共往南张楼村投了450万元人民币。参见:袁祥生访谈[N].中国经济周刊,2005 – 09 – 26.

③ 根据笔者对南张楼村村委会主任袁祥生访问整理,2008年11月20日,录音整理:朱珠。

"城乡等值"理念是否可以推广？中国与德国对于初级行政区域有完全不同的定义，德国的初级行政区有自主权，而中国是集权制管理，是一个集体观念很强的社会，而德国更多的是讲究个人主义。① 政治体制与社会制度的不同是否会对南张楼村的建设产生影响？是否能够有效地阻止农村人口大量流入城市呢？南张楼村民观念出现重大转变，这是"城乡等值化"理念在南张楼村所起到的作用，但是南张楼村是否因此成为值得效仿的对象有待时间见证。公共艺术与视觉文化在农村社区中的作用是有目共睹的，在提高居民文化素质、改变公众观念方面的作用也是毋庸置疑的。南张楼村项目实施的目的是根据中国农村实际情况，借鉴德国"土地整理"和"村庄革新"的经验，逐步改善农村居民的生活环境，改善村民的劳动条件和生活水平，提高农民的生活质量，改善农民的思想观念，建立一个布局合理、功能齐全、生活舒适的农村。② 由于南张楼村实验产生了广泛影响，目前（2008年）还在内蒙古、四川、甘肃和新疆等地推广实验。

村庄革新是南张楼村公共艺术建设的重要内容之一，其中公共环境和教育被放在重要的位置。在赛德尔基金会的构想中，创造舒适、优美的公共环境是农村社区居民生活环境改善的条件，通过公共环境的完善引发村民的归属感，功能分区对公共空间环境建设起到重要作用，公共艺术所起到的作用是在公共环境中体现南张楼特色及其功能。虽然该实验对公共艺术并没有明确地提出和归纳，但是公共艺术与公共空间从整体到细节逐步改善了村民的生活环境，是一个从无到有的过程，是和公众观念的转变同步发展的。虽然民间文化传承与传统艺术一直存在并延续，但是处于无意识状态，对公共艺术的作用，公众的认识也是代代相传的。作为村落公共空间，自发形成是主要特点，而公共艺术的设立与制作，一直是以"匠"的体制传承的。在当代社会，意识与

---

① 史蒂芬·艾尔巴特.巴伐利亚和山东农村——我们未来如何继续相互学习并从中受益[C]//慕尼黑国际会议文集,2007:169.
② 袁祥生.一个农民的德国情缘——青州南张楼土地整理农村发展项目纪实[M].北京:中国文联出版社,2007:76.

技术都出现重大变化,而在"城乡等值化"项目的建设和实施过程中,首先是公共空间如何建设和如何功能分区的问题,涉及公共空间的建设问题;其次是公共艺术如何建设的问题,公共艺术的建设与公共空间环境是同步的,体现在公共空间中主要是建筑、雕塑、壁画、民间美术、公共文化活动等几个方面。

南张楼村的功能分区即从农村社区实际情况和发展需要出发,针对文化、教育、经济、居住的需要进行的区域划分。在传统的农村社区,公共空间主要是体现在传统伦理道德和风水方面,如祠堂等在公共活动中扮演重要角色。在文化哲学视野中,"空间"并非作为"物质客体的广延性和并存的秩序"的物理空间,而是指文化空间,包括文化的空间性和空间的文化性。① 城乡二元对立使得农村公共空间建设并没有受到重视,农村社区居民的精神文化被忽视。打破城乡二元结构的农村社区受到城市化及城市社区环境的影响,对公共空间环境越来越重视,南张楼村居民对自身环境的反思使得村庄革新理念得以顺利实施。"巴伐利亚"实验在开始就明确提出其基本思想(表1-5),在公共空间建设方面不同于传统空间环境建设,在整体建设中既考虑到大的方面,即如何发展农村的整体文化,包括建筑特色和地域特色;又考虑到细节部分,即如何实施,包括公共艺术造型的问题。村庄规划中的功能区划分清晰,村内2条古道经过改造,种植了花草树木,成为村民休闲娱乐的小公园。功能分区的明确对公众生活产生基本影响,公共艺术建设有了空间基础(图1-19),功能分区是一个跨学科研究,包含建筑学、规划学、社会学、艺术设计学等相关学科,而公共艺术的建设是建立在相关学科研究的基础上的,它与公共生活相联系。公共活动空间、文化中心、博物馆、街道、居住空间为公共艺术在南张楼村的实施提供了先决条件,南张楼村公共空间的建设从公众生活出发,根据不同人群的情况进行具体安排,如村里开展了以妇女为主体的村民业余文化活动,成立了乐队、舞蹈队,建立了老年活动中心,开展了丰富多彩的农村文

---

① 邹广文,常晋芳.空间与人的文化世界[J].中国文化研究,2000(2).

化活动,丰富了村民的精神生活。2002年建造了文化广场,为村民休闲娱乐提供了良好的场地。公众自发组织或参与丰富的业余活动,公共空间环境为公众生活的改变提供了条件。

表1-5 "巴伐利亚"实验基本建设理念

基本建设	1. 街道和广场;2. 发展农村院落;3. 适合农村的装备与文化,休闲和放松设施;4. 接近自然的水道和乡村池塘;5. 改变农村原来不合理的建筑物。
社会文化	1. 开展研讨会,对公民进行培训;2. 建设适合的公共活动空间(如社区中心,教堂);3. 安装和维修纪念碑,路边的神龛、喷泉等;4. 保护、恢复具有历史和文化价值的花园和空地。

图1-19 1990年南张楼公共活动空间的功能分区

农村社区公共空间,泛指由实体构成围合的室内空间之外的部分,如道路、广场等,具有公共活动的滞留和流动性,能够调节生态环境、缓冲外围关系。城市开放空间包括公共空间和开敞空间两个系统。开敞空间是城市中以天、地、山、河为界,视线开阔深远的区域,这些开敞空间有些可以供人活动,有些只能视线远眺,其主要功能在于调节城市的生态平衡、提供自然休憩环境。城市公共空间是人工因素占主导的开放空间,如街道、广场、公园、游憩和滨水绿地,具有景观、宗教、商业、社区、交通等方面的功能,由于城市公共空间通常不能产生直接的经济效益,所以成为最易失落的空间。比较而言,农村公共空间不仅包括社区中的街道、广场、公园、游憩绿地、滨水绿地等空间,而且还包含人们精神文化的领域。但是在传统农村社区中并没有明显的或者确切的街道、广场、公园、游憩与滨水绿地等区域,值得注意的是,农村社区的公共空间虽然随着村庄的建成就已经存在,却往往是被人们忽视的地方,相对而言有着自己的地理、文化优势,在一定条件下自然产生并发展。如果在农村建设中能真正地重视公共空间并加以利用,不仅可以美化村庄,而且可以净化人们的心灵,提高农民的素质,提升乡村文明。美术学研究视野中的公共空间具有视觉艺术的功能和价值要求,是一个具有多重功能的实体和非实体空间,它既具有虚拟和非虚拟的特点,又具有文化的价值和意义,它对人的生理和心理都具有反馈作用,它存在于空间包围的空间之中,具有符号与象征意味,与公众产生一定的互动和联系(图1-20)。[①] 理解美术学研究背景下的公共空间,可以让我们更好地理解公共艺术的公共性、公共艺术在公共空间中的作用、公众在公共空间中与何种艺术产生互动。具体的视觉艺术是公共空间的形象与符号的外在表现,对公共空间的理解有助于我们从源头、以纵横两种角度来研究现代意义上公共空间环境中的公共艺术。

---

① 王海霞.中国民间美术社会学[M].南京:江苏美术出版社,1995:36.

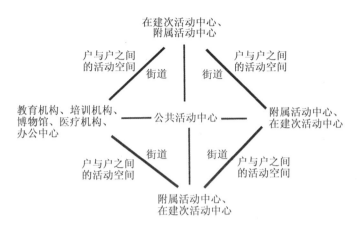

图 1-20　南张楼公共空间及公共活动方式

农村社区公共空间的形式是多种多样的。在社会学的研究中,一般将工作单位和家庭分别称作"第一空间"与"第二空间",而在这两个"空间"之外的各种社会场合则被称为"第三空间"。① 按照费孝通的观点,中国的乡村社会是"熟人社会",人们经常性的、面对面的沟通逐渐形成了乡村中独特的交流空间,这样的交流空间多以公共活动空间为依托。公共空间环境的建设为公共艺术的具体实施打下良好的基础,公共艺术为空间环境的美化提供了更好的视觉形象,农村公众对改善自身的生活环境的强烈愿望是公共性的基础。在 1978 年以前,公众对自身环境并没有足够的重视,一方面是出于社会原因,另一方面是由于缺乏改善自身环境的意识。从南张楼村公共环境建设的实际情况来看,公共空间环境与公共艺术成为村庄革新的重要元素,对改善公众文化环境,改善公众观念,提升公众对自身环境的关注度起到很好的促进作用。

---

① 王星,等.人类文化的空间组合[M].上海:上海人民出版社,1990:274.

三、公共艺术与南张楼公众观念的转变

  传统观念即由于传承历史文化,在传统生产、生活过程中形成的对周围事物的观点。南张楼村的传统观念体现了儒家文化的特点,长幼尊卑等伦理道德观念影响至深,传统思想与公共艺术的关系体现在公众文化方面,它是对视觉文化演变的接受过程:传统建筑造型与现代主义结合;雕塑由纯粹审美转为生活中的艺术;壁画成为公共环境的一部分;绘画转向以多种材料作为载体,受到商业文化的影响;公共设施成为服务大众生活又具有审美功能的构件。艺术即生活和生活即艺术的转变是南张楼社区公共艺术与公众生活的结合。通过公共艺术改善公共环境也是视觉文化的总体体现。20世纪80年代以来,中外文化的冲突对传统的漠视出现在不同层面,"破四旧"打破旧的模式,由此也带出创新和由于经济发展、接受国外的公共艺术带来的问题,有的甚至失去了生活的基础。对农村社区的认识,专家与学者观点极不一致,总的来说,本质上"村"是基于土地的农业生产形成的,以社区和家庭为基本生活单元、各种社会关系不断延伸与扩展的集合体或生存空间。① 这种乡村社会观念是"熟人社会"观点,社会关系的稳定和传统思想的传承具有一定的社会基础。中国社会整体的传统思想主要体现在残余的封建臣民思想、宗法观念、长期自给自足形成的封闭保守的观念、有神论和封建迷信观念上,这种传统文化的糟粕在南张楼村同样存在。

  南张楼公众观念的转变是公共艺术建设成功的关键,对农村文化建设来说是关于"人"的建设。梁漱溟在乡村文化建设中,提出乡村文化建设改造乡村,他分析当时主要有两个原因造成农村问题:(1)军阀与外来势力的影响;(2)乡村内部问题。乡村内部应该用文化的角度来改造,所用方法是外来借助先进的科技,内部展开自助活动,当时农

---

① 董忠堂.建设社会主义新农村论纲[M].北京:人民日报出版社,2005:2.

民最大的问题是愚昧,当然应从文化教育入手,应该说梁漱溟的乡村建设理论是具有极大的影响力的。20世纪80年代以来,南张楼村的农民虽然不同于梁漱溟时代的农民,但是相对城市来说,其知识结构和思想观念方面还是趋向于保守的。改变传统思想,现代文化和公众生活相结合对南张楼村居民来说是一个挑战。传统观念对南张楼公共艺术的影响,体现在它影响到建设过程和公共艺术的形式问题。

南张楼村公共观念从1988年实行"城乡等值化"项目以来出现大的变化,首先是由于德国"城乡等值化"实验的影响。南张楼村居民乐于看到外面的世界,接受新的思想并看到差距,中德合作项目对群众转变观念起到重要作用。其次是由于公共空间环境和公共艺术的影响。这种变化一方面来自于国家改革开放大的背景,由于南张楼村所处的地理位置、"父母在,不远游"的传统思想,村民有意识改变但是难以找到合适的途径。"城乡等值化"实验项目实施以后,在南张楼村与干部群众接触,感受最深的是他们观念的更新、思想的解放、视野的开阔。而合作项目发展并非一帆风顺,而是在双方观念的碰撞与妥协中前进,正像项目总经理袁祥生(南张楼村村长)所说:"这几年最大的变化和收获应该是观念的转变"。① 公共空间环境中的公共艺术与公众生活关系密切,公共艺术的内容与形式关系到空间环境的成败,它存在于一定公共空间环境之中,对观众的视觉产生一定的作用,成为视觉文化的传达手段。南张楼村公共艺术在公共空间中的表现是环境的改变,也是整体视觉文化的改变,塑造的是南张楼村居民的精神文化,它影响到公共观念的转变。公共艺术与南张楼村民观念转变首先体现在建设过程上,"城乡等值化"项目实施以来,南张楼村民到国外,开阔了视野,这是观念更新的基础(图1-21)。南张楼村和整个中国农村社区的发展一样,在1978年之前,与国外的交流非常少,更没有接触到外国人。这与中国美术的发展一样,从改革开放伊始出现无所适从的状况,接触国

---

① 袁祥生.一个农民的德国情缘——青州南张楼土地整理农村发展项目纪实[M].北京:中国文联出版社,2007:219.

图 1-21　袁祥生在德国考察

右二袁祥生、右四汉斯·赛德尔基金会学科顾问格哈特·斯密特,"城乡等值"实验中,不断交流加强了对社区视觉文化的认识。

外现代艺术并创造中国特色成为焦点问题,"85"新潮的出现带来的更多的是艺术观念的转变。南张楼村公众面对热闹纷呈的外来艺术与观念毫无知觉,只是关心自身生活的问题,德国的"城乡等值化"项目实施时,从政府到村民都怀着好奇的心态,对公共艺术的建设更认为是费力费钱的事情。在20世纪80年代,南张楼村委的任务是保持秩序,那时候"左"的思想严重,村民没有见过外国人,当时防止村民拥挤以免妨碍德国专家开展工作是村委会的主要任务,现在见外国人多了,就非常平和了,老外们也会到村民家里吃饭(图1-22、图1-23)。然而当代艺术观念是在大的潮流中演变的,是一个渐进的过程,80年代到90年代,欧美文化对中国传统文化影响至深,这种影响对于急于改变自身状况、逐渐接受到西方文化的南张楼村来说也不例外。在传统文化的继承与保护方面,南张楼村居民则更看重接受外来文化,文化中心的欧化建筑风格也体现在整体和细节上,虽然不能说完全崇洋媚外,但是至少说明国外艺术形式在当时更具有吸引力。如果说南张楼村村容村貌的变化令人瞩目,那么合作项目带来的思想观念的变化就更发人深省,村民说关键在于从外国朋友那里看到南张楼与人家的差距和优势。从规划到实施

图1-22　20世纪70年代南张楼村民

图1-23　德国专家在南张楼开展工作

过程,有中外双方政府间的努力,也有南张楼从村委会到村民的参与,村庄革新使得社区出现整体的变化,从而改变了村民对建设公共艺术的看法,可以看出公共艺术在公众之间产生的影响。南张楼村和赛德尔基金会合作,最初是想争取资金建设农村,实际最大的收获是接受了德国人新的理念。在当时的南张楼村,他们也认识到,改革开放以来城乡差距越来越大,而进行的这个实验,出发点和落脚点是缩小这种差距,从最初的被动变为实施过程中的主动,从资金争取转变为"旨在自救",公共空间环境和公共艺术承载的传统文化对居民的影响是逐渐发生的。

公共艺术与南张楼村民观念转变受到内、外环境的影响。公共艺术对南张楼村居民的影响是显而易见的,问题是这种观念的转变的另外一个重要渠道是外出务工人员带来的,外出务工人员带来的思想观念,大于公众本身对自身生活环境的反思,由此也带来如何通过生活环境的改变和公共艺术的影响来逐步转变公众思想的问题。袁祥生说道:"合作项目的收获,关键是我们村'人'的思想观念得到了很大改变,我们村的企业安排了本村及周围村庄的大批剩余劳动力,不去城市也能就地打工挣钱。20年来我村还先后送出400多人到国外学习、进修、打工,他们回村后也促进了村庄的建设,加速了民营企业的发展。现在村里有讲德语、英语、西班牙语、俄语、日语、韩语的人才,来外国人不用出村也能有翻译了。"[①]外在环境的影响、眼界的开阔为南张楼村居民提供了更好的接受与容纳公共艺术的条件。

传统与现代观念的冲突主要体现在传承传统文化和形成地域特色上,主要是在建设过程中的设立、评价机制上的问题,在表现形式上主要是建筑、雕塑、壁画如何和公众生活结合。在这个过程中,不断进行总结,结合当地实际情况进行改进,从而出现对实验项目得与失的讨论。得与失则是建设过程中对建设方式和战略眼光的反思,传统观念在南张楼村的体现是"小农"意识,既有发展变化的现代生活,也有城乡等值化实验的整体改造理念。中德合作中的冲突主要体现在价值观、理念、建设重点的不同。南张楼村把重点放在经济建设上,德方认为应该放在"人"的建设上。赛德尔基金会认为应该通过环境建设来改造"人",南张楼公众认为经济建设的重要性大于"人"的建设。理念不同导致形成不同的评价,南张楼传统观念与现代理念的碰撞是中外不同文化观念在中国农村的典型表现。

---

① 袁祥生.过了二十年,我们又相会.鲁巴结好二十周年庆典活动纪实,2007.

公共文化观念冲突是在建设过程中对具体项目的实施中体现的，建筑、雕塑、壁画、民间美术建设的冲突也同样存在，德国在村庄革新中的理念和南张楼村的期望不甚相符，体现在改造、教育、目标上的不同。产生冲突的原因在于：公共艺术项目的实施紧紧围绕着改善南张楼村的环境条件和改善居民的生活条件来进行，吸引青年安心在农村、工作在农村、居住在农村，这与中国城市化措施是相违背的，是两国文化的碰撞。在村庄改造上，德国的"城乡等值化"实验坚持以传统文化改造村庄，体现传统文化和社区特色，从而增强公众的归属感和认同感。对于村庄的发展规划，袁祥生和德国专家有着不同理念，村子被分成4个区，按照"城乡等值化"实验最初构想，是要通过发展农业来提高农民的生活质量，从而把农民留在土地上，而现在南张楼发展过程中又多出了一个工业区，因为村里鼓励创办集体工业和村民创办企业。① 赛德尔基金会认为工业发展背离了乡村发展的主要道路，而恰恰相反的是如果没有以工业发展为基础，南张楼村的公共空间环境建设则难以得到实现。另一方面，赛德尔基金会重视教育，认为南张楼村要通过教育来改造"人"。在南张楼村，德国文化和中国文化的冲突时时刻刻存在，如德国专家在南张楼村的中小学开设手工课，讲究素质教育，但是这一点在南张楼村是很难被接受的，袁祥生承认开始也就是应付应付，不敢怎么实施，因为农村孩子唯有考上大学才有出路，脱离农村的生活环境和得到资金援助是当时农民主要的想法，不同文化背景下的思维冲突是存在的。威尔克是项目的总负责人，他总是不明白为什么把项目援助理解成不停地要钱，为什么人们对工业区建设的关注程度远远高于教育与公共设施建设。② 1991年，德国在教育上的投入是最多的，为村里的幼儿园、小学、初中提供了很多教育设施，与中国学校教育不同的是，德国人在南张楼村的中学专门建设技能教室，教学生木工、电工等实用技术，然而这件事也成了一个矛盾点。并且袁祥生和德国专家在一座建

---

① 根据2006年11月26日中央电视台《面对面》节目王志对袁祥生的专访整理。
② 袁祥生.一个农民的德国情缘——青州南张楼土地整理农村发展项目纪实[M].北京：中国文联出版社，2007：213.

筑上发生了观念冲突（图1-24），不同的文化背景让他们在合作中产生了文化碰撞，导致了他们之间更大的矛盾产生。矛盾首先集中在这座村文化中心的建筑设计上，袁祥生说德国人认为搞得不伦不类，既不像欧式又不像中式。这与20世纪80年代中期西方观念开始整体影响中国有关系，当时的中国对传统文化持怀疑的态度，在1985年以后，西方建筑风格对整个中国的影响是广泛的，其中以文艺复兴、古希腊、古罗马时期的建筑风格影响尤甚，因为当时人们认为该时期的建筑风格代表了西方传统建筑的典范。由密斯·凡·德罗代表的是现代风格的建筑，因此中国人不假思索地借用西方建筑风格并以之为时尚，甚至不假思索地把装饰形式搬过来。由于整个社会的影响，农村也不例外，尤其南张楼村看到国外的建筑样式，将文化中心建成欧化风格就不难理解了，在主要街道上，建筑装饰同样采用大量的欧式装饰，建筑造型同样模仿（图1-25）。

图1-24 南张楼文化中心

文化中心的建筑造型、装饰与周围的环境并不协调，被德方称为"垃圾"。

图 1-25　装饰的外化形态

在 20 世纪 90 年代，西方文化整体影响中国，南张楼村主要街道上的建筑装饰也受到影响。

但是从长远来看，民族文化的保留与传播在任何国家和时代都是极其重要的，南张楼村文化中心的欧式立柱、欧式色调、欧式装饰等被德国专家说成"垃圾"，被说成建筑垃圾的原因主要是，西方国家已经走过的阶段被搬到南张楼村，建筑失去了地域文化。2002 年民俗博物馆（图 1-26）在文化中心北侧落成，挑脚飞檐的双重院落，完全是中国古典建筑的风格，本想德国人会对此满意，没想到德方代表马格尔又急了："这是规划好的休闲用地，怎么能随便占用！"①但是公共空间环境建设是中德双方之间的共识，在传统农村社区中公共空间环境成为联系"熟人社会"的重要纽带，20 世纪 80 年代以来，受商业文化冲击，将公共空间环境放在次要位置，经济建设代替了环境建设。德国专家组对传统门楼和建筑色彩很欣赏，但对当前时兴的瓷砖、花花绿绿的各种图案不赞成，认为这是时髦，过几年就过时了，还是应该保留农村的建筑风格、

---

① 袁祥生.一个农民的德国情缘——土地整理农村发展纪实［M］.北京：中国文联出版社，2007：177.

图 1-26　南张楼村博物馆

金墙门楼和四合院。① 南张楼村民对此却不以为然,认为原来的太土气,视觉文化受到了商业化的冲击,这同样是在大的社会背景下产生的商业文化的表现,尤其是年轻人逐渐淡忘了传统艺术而转向"快餐文化"。影壁墙上的传统民间绘画被现代瓷砖、马赛克代替,变得千户一面,代表传统文人气质的梅、兰、竹、菊也被批量生产的瓷砖图案代替,公共艺术在社会转型过程中被商业化了。

对于项目实施过程得失问题的讨论,是在建设过程中逐渐体现的。"得"是在南张楼村的发展中通过合作项目,给南张楼村整体发展带来新的理念;"失"是在南张楼村发展中有些理念由于观念的不同而没有实施。体现在公共艺术上主要是建设过程的问题,最终体

---

① 袁祥生.三访巴伐利亚州[N].青州日报,1993-10-05.

现的是"城乡等值化"理念在公共艺术的建设上没有彻底地贯彻。关于得失问题,中德双方有不同的论述,中国(南张楼一方)认为中德合作项目带来的观念转变给南张楼村带来巨大变化,其作用毋庸置疑,且其标新立异之处不可否认,但是不能脱离开中国大的改革开放的背景。而德国方面认为中德合作项目远远没有达到让农村居民在农村生活却享受与城市同等的精神生活的预期目标,原因在于计划最初实施时(1990年)没有充分预见到后来农村人口频繁流动的问题。当前农村居民的观念还是以城市生活为发展方向,以到外面打工和到城市居住为目标,这是"失"的方面。视觉文化在南张楼村的建设对农村公共文化建设起到重要作用,得到德国专家、中国政府和南张楼村的重视,在建设上也卓有成效,问题在于村民虽然从中感受到其中的变化,但是没有足够的意识认识公共艺术对公众生活产生的作用,对身边的艺术熟视无睹,对过于熟悉的东西缺少了新鲜感,对外来样式的兴趣超过了本身存在的公共艺术。公共艺术与公众产生互动应该是一种相互包容的行为,作品无论是具象的,还是抽象的,或者是材质的,如果公众产生排斥的话,那么作品就失去了它存在的意义,可见延续还是抛弃传统文化是"城乡等值化"实验关注的重点之一。袁祥生说,为房子的事就和德国专家发生过多次冲突,如南张楼村的村口矗立着两排颇有气派的欧式小洋楼(图1-27),这在南张楼村是财富的象征,但德国人一见就指责为"建筑垃圾",认为中国农村就应该建具有中国特色的房子。在德国专家眼里,中国北方农村就该是青砖小瓦,典型的四合院布局。事后,袁祥生又是生气又是佩服地总结道:"他们比咱们还'中国',咱们比外国人还开放。"[①]"比咱们还'中国'"指的是项目实施前期德方专家对南张楼进行了深入的研究,对中国传统文化有着充分的了解,利用当地历史遗产形成特色;而中方在南张楼村项目上则抛弃原有的特色,一味追求商业文化,即所谓的"比外国人还开放"。很有意思的一个事实是,南张楼确

---

① 袁祥生访谈[N].中国经济周刊,2005-09-26.

图1-27　村口新建的气派小洋楼

实实现了把村民留在农村的初衷,但更多的是通过大力兴办非农产业达到的,这一切恰恰违背了"巴伐利亚实验"的初衷。在关注公共空间环境方面,首先是村民的认识,公共艺术作品与公众之间互动的过程,对公众产生潜移默化的影响。例如在博物馆中,居民原来的生活构件作为历史见证,成为公共展示的物品,但是公众对此不屑一顾。

　　不同学科对"城乡等值化"在南张楼的实验观点并不一致,山东省可持续发展中心主任张林泉教授认为,"土地整理与村庄革新"这个概念,在中国和德国的意义是不一样的,德国的着眼点在于农村发展,工作对象是人,土地被作为发展载体来看待;而中国的"土地整理与村庄革新"目前更接近于农业资源的整合、土地生态平衡的维护,目的还只在于搞好农田水利,增加耕地面积,提高耕地质量,工作对象纯粹是土地。中国在村庄革新中大多数只重视房子建设和道路建设,而在"人"在环境中如何提高其自身价值方面,与发达国家还存在一定距离(图1-28、图1-29)。由此看来,提高人的素质是城乡等值化目标与关键所在,正像王志在采访袁祥生时问"那你说要把南张楼村变成德国的农村可能吗",袁祥生说:"现在只要思想观念解决了,一步一步,有经济实力的话也可能达到。"公众整体观念的提高还是最大的问题。

图 1-28　紧邻文化中心的幼儿园

图 1-29　门楼的传统造型与南张楼村年轻人的时尚新潮形成对比

中德双方专家的共同认知是：巴伐利亚实验在南张楼村的实践，部分地实现了最初的目标。然而它也不可避免地与中国农村的现实发生碰撞：南张楼村的发展方向已经和基金会在开展项目之初的行动方向背道而驰了，目前改变南张楼村生活水平、生活状态的原因与动力是开办企业而不是和谐发展。①这种不同文化背景下的思维冲突时刻存在，项目的总负责人威尔克不明白为什么人们对工业区的关注程度远远高于大田区、教育区和公共设施。德国人心目中的农村生活，是宁静祥和、安守乡土、自给自足的"田园牧歌"式的，所以他们的钱在南张楼只是投给教育、土地整合以及基础设施建设，他们从没向南张楼工业区这100多个小工厂投过一分钱，大部分小工厂都是出国打工挣钱的村民返村后投资建立的，几乎没有农民会选择把钱投在庄稼地里，这让德国人很无奈。袁祥生说他的期望是：一方面要保持中国的传统文化，这一点南张楼做得不够，中国改革开放不要照搬外国，要学习国外，做中国自己的；另一方面要以文化带动村庄，以景观改造村庄。中国改革开放30多年，说是缩小城乡差距30多年，实际上这30多年中城乡差距越来越大，要发展经济，改善公共设施，缩小城乡差距。十八届三中全会以来农民由吃不饱到吃饭没有问题，再过20~30年，真正在实质上改善农民的生活质量。②改革开放带来整体上的改变，如何学习、保留、发展，实际上是城乡共同面临的问题。袁祥生说，他曾问过威尔克什么时候才能完成这个实验。威尔克的回答是："改造一个农村是几代人的努力。"③这对于想快速改变中国农村社区的建设现状的中国人而言有很大的启示。

中外观念之间的冲突、交流与融合自改革开放以来一直是备受关注的问题之一，视觉文化与公共艺术的发展中，内容与形式问题一直是

---

① 袁祥生.一个农民的德国情缘——青州南张楼土地整理农村发展项目纪实[M].北京：中国文联出版社,2007:212.

② 根据2008年11月20日笔者对南张楼村村委会主任袁祥生访问整理而成，录音整理：朱珠.

③ 刘汉,翟鹏.南张楼村的"巴伐利亚试验"[J].决策与信息,2006(6).

争论的热点。在当代中国,实际上是观念与意识的问题,缺乏的是良性发展的战略性眼光。艺术对社会的关怀,使"精英"转变为"大众",艺术更加关注对生活的作用。新中国成立以来中国美术发展受到国外的影响,从1949年开始学习苏派到1978年以来学习欧美,1985年出现新潮思想的碰撞,改造中国画、油画中国化等,影响的不是美术领域,而是整体视觉文化。在当代,中国城市和农村社区从南到北的"方盒子"充斥着我们的视觉,模式化与商业文化对当代艺术的发展有很大影响,农村社区的公共艺术也脱离不开这种大环境。建设农村社区,通过公共艺术影响公众生活,从而形成独特的农村社区,应该加强公共艺术在农村社区对公共生活中所起到的作用。若要分析南张楼村观念冲突,建设特色文化,学习先进理念,那么如何改变观念是关键问题之一。

第二章 "自上而下"与"自下而上"

——南张楼公共艺术建设机制及影响因素

公共艺术在南张楼村是视觉文化、公共文化的构成元素,其建设机制与影响因素体现在"自上而下"与"自下而上"两个方面。所谓"自上而下"是国家、研究机构、大学、农村社区自治委员会共同参与,包括从政策到意识的引导作用;所谓"自下而上"是村民作为建设主体的参与,农村公众的积极参与是成功的关键。南张楼居民的传统观念、对当地传统文化的认同、对外来文化的认同、观念与生活的转变、对公共艺术的欣赏与接受是建设的前提。就建设机制与影响因素方面而言,主要是政策与经济因素和公众对公共艺术的参与两个方面。从社区居民生活出发,建设适合的公共艺术,对建设机制与影响因素进行分析,有助于理解如何建设农村社区的公共艺术。

一、"自上而下"与公共艺术建设

从"城乡等值化"实验项目的实施来看,政府和各级机构的重视、政策的制定和实施、村民参与的调动、政府组织的管理都非常重要。在德国巴伐利亚州土地整理程序中,整个过程主要由政府(国家与省层面、地方乡镇政府层面)、村级管理者(村长等)、村民(主体)参与,国家层面和政府层面的重视是一个重要前提。① 在中国,政策对农村的发展影响极大,建立合理有效的制度,对农村社区居民的生活产生关键影响,从公共艺术在农村社区发展的观点来看,建立有利于公共艺术事业及规范化的制度只是一种手段。制度和法律的建立会使得公共艺术事业健康顺利发展,但是只有制度也是不够的,因为公众在建设过程中的作用是第一位的。农村社区公共艺术的发展不能各自为政,各个部门之间应该进行专业沟通、讨论,共同努力,盲目制定制度而忽视公众参与会出现群众反感的情况,只是注重公众参与会缺乏长远的战略性眼光。在城乡等值化实验中,中国和德国进行富有成效的经验交流,加强各个专业之间的合作,在南张楼村可以说是"自上而下"和"自下而上"的结合。公共艺术受到重视,公共艺术作为一种公共文化事业,"自上而下"如何运作及如何建立制度就显得非常重要了。

南张楼村建设过程中,由于重视公共文化,因此,公共空间环境与公共艺术建设成为其中重要的内容。在这个方面,首先在于政府的引导与合作,实施之初是由政府机构来运作的,政府和赛德尔基金会的资金投入在开始阶段起到重要作用。作为由政府引导的实验项目,没有这种外部的支持,南张楼的变化不会如此巨大,而这种支持对其他地区而言是可遇而不可求的,因为在20世纪80年代末期,农村社区建设中政府并没有大量的资金投入。② 南张楼村基础设施的投入对其基本面貌的改变作用重大,行政部门为农村发展提供了法律、组织和财政援助。在南张楼"城乡等值化"实验中,公共空间、功能区划分、传统文化的保护等都是有利于村庄革新的,政府规划的长远性对农村社区的建设影响至深。

在公共艺术建设过程中,政府、国家层面最重要的在于具有战略性眼光。从公共艺术建设的角度,政府的主要作用是负责政策与资源的

---

① 巴伐利亚州食品农林部.巴伐利亚州土地整理程序概述[M].吕亮卿,译.太原:山西农业大学出版社,1992:78.
② 袁祥生.一个农民的德国情缘——青州南张楼土地整理农村发展项目纪实[M].北京:中国文联出版社,2007:231.

宏观调控,服务和履行人民授予它的职责范围内的公共事务,中国政府机构和赛德尔基金会的研讨与交流是对项目实施的总体把握(图2-1)。调动村民的热情和进行自助性建设是对公众的引导,一种社区认同感不仅仅是指一个社会的广泛参与,公众和各方面共同参与才能让公共艺术成为公共性艺术作品。而在实验实施过程中,这一原则的意义远远超过了具体的发展计划,它致力于相互团结协作,农村社区成为一个活跃的和富于创造性的社会,政府支持农村的发展(包括资金的投入与制度的建立),政府的任务是加强社会、公民与国家之间的责任。在农村公共环境建设中,公共艺术的作用在于改变农村社区的视觉文化和旧的观念。旧观念在中国农村社区主要体现在农民作为一个社会群体,有其自身的生活环境,在社会中处于特定的地位,因而在生活中自然形成对待社会、人生的基本看法,这种旧的观念往往不能适应当代社会的发展。这种意识的存在,使对外来文化接受产生局限性,在这一方面,政府层面的力量显得比较重要,应对公众的观念转度起到导向作用。而随着农村生活、交往方式的转变,对公共艺术的接受程度也随之

图2-1　政府机构、赛德尔基金会在南张楼村研讨

左一为南张楼村村长袁祥生

转变。南张楼村在空间环境的建设方面对公众起到好的引导作用,同时公共艺术的构件也记录了政府、机构的作用,成为新的视觉符号,如在村入口牌楼柱础上面和文化中心前面的上马石正面的文字符号(图2-2、图2-3),体现出公共艺术被赋予新的内容。

图2-2 牌坊柱础

公共艺术成为历史发展的见证(内容为:中德合作"农村发展与村庄革新"项目纪念,下面主要是德方参与人员的名字)。

图2-3 千禧年纪念

文化中心前面中德双语的落成纪念成为新的视觉语言。

在组织结构方面,中德双方的合作机制对推动项目实施也发挥了重要作用。中德土地整理中心于2005年在青州市成立,该中心的工作主要为:在制定地区发展战略和发展措施的过程中提供技术援助,提供多样性目标群体的进修和再培训,进行公关活动,促进国际交流合作。① 中德合作中心对教育、培训、推广产生一系列影响,政府的重视在发展中产生辐射作用。它制定的发展方向是:在今后一个时期,目标和任务是加强村镇基础设施和公共设施建设,大力改善村镇居住环境,到2000年建设成适应经济发展和社会进步、布局合理、功能齐全、环境优美、富有地方特色的新型小城镇。② 政府投入的资金和制定的政策是保障城乡等值实验完成的基础。相对来讲,在德国,建设村镇公共设施的资金,主要是州政府及镇里承担,在南张楼村也通过公共资金的投入改善公共环境。在南张楼村公共文化建设方面,通过政策引导形成乡村特色,保留传统文化,通过公共艺术影响公众生活,则是需要政府和村民共同努力的。通过土地整理与村庄革新改善了农村居民的生活和工作条件,体现了"援助旨在自助"的原则,通过专业的技术、经验及资金资助,帮助南张楼村民获得更好的生活环境,营造积极向上的气氛。"援助旨在自助"体现了政府在农村社区建设方面的指导思想。应该说,没有山东省和巴伐利亚州之间的合作,制定相关改革措施,南张楼村在整体建设上不会有如此大的成就。

除此之外,南张楼村民委员会是重要的联系纽带。村委会有别于其他社会基层组织的特征表现在很多方面,其中最根本的特征体现在自我管理、自我服务、自我教育、自我建设4个方面。③ 村民自治在中国是一个基本国策,因此,村委会在农村建设中起到重要作用,主要体现在组织、管理与引导村民。目前我国农村建设基本处于没有人管的状

---

① 乌苏拉·曼勒.德中农村地区的可持续发展[Z].见证山东和巴伐利亚国际研讨会文献汇编,2007.
② 田时宇.在山东省与巴伐利亚州双边学术研讨会上的贺词[Z].1997.
③ 包心鉴,王振海.乡村民主——中国农村自治组织形式研究[M].北京:中国广播电视出版社,2001:49.

态,各地村镇建设普遍缺乏规划,村镇布局散乱差,不仅造成了惊人的浪费,而且制约了村镇经济的发展、影响了农民的生产和生活。① 南张楼村的建筑、公共空间和公共艺术能否发展,在相当大的程度上取决于各级文化机构、艺术团体及相关研究部门能否对大众文化施以必要的影响和引导,而村委会在保证公共艺术作品实施中的作用是不可替代的,其了解何种形式能让村民适应,了解什么样的公共空间适合村民。因此,公共空间建设成为改善公共文化的重要条件,公共艺术成为传统文化重要的载体,是对公众教育的重要手段,又引导着公众合理对待当前急速变革的社会,由此带来公共文化生活的转变。但是就目前情况来看,南张楼的公共艺术究竟是公共的艺术还是权力的象征,需要时间的验证。比较而言,在国外促成公共艺术发展的主要因素是物质文化水平的提高,公众对艺术的迫切需求,公众需要和思想转变是建设的前提;政府层面的重视、支持及公共艺术项目的制度保证是完成的条件;艺术家与公众的互动确保作品的质量;各类艺术组织、艺术团体、不同学科介入是良性发展的重要参考。公共艺术介入农村社区对改善环境起到重要作用,"公共性"观念、合作与交往、环境建设等各方面的力量促进农村社区公共艺术的完成,因此,南张楼公共艺术从国家到村委会自治的重视是促进建设的首要因素,南张楼村委会的作用还在于引导公众和自治政策的制定。农村发展的关键在于提高农村地区的生活质量,原则是优势互补,单独依靠个别的力量难以完成区域化特色的任务,团结协作和区域性文化特征形成地域文化,分析当地环境和经济条件,充分了解居民的想法,对居民进行宣传教育并调动其积极性,是地方组织的重要任务之一。因为对村委会来说,他们与当地居民生活息息相关,观念与意愿具有一致性,这是完成村民自治和发挥村委会作用的最好条件。

　　农村社区生活具有稳定性,地方文化联系紧密,形成区域性地方特色,政府和村委会在公共空间中扮演"幕后者"的角色,村民是公共空间

---

① 袁祥生.一个农民的德国情缘——青州南张楼土地整理农村发展项目纪实[M].北京:中国文联出版社,2007:237.

"舞台"上的演员,公共文化活动是"舞台"上的主角,这三方面有机联系,才能使得农村社区公共空间真正成为社区精神文明的空间。为了实现规划预定目标,南张楼村采取的方法和措施主要有:首先是优先发展教育,对学校进行基础设施的完善;其次是以公共空间环境与公共艺术建设达到对居民的教育目的。在发展过程中重视发展基础设施,保护休闲地、环境和回归自然,动员村民"援助旨在自助"。保障村民实行自治,由社区居民依法办理自己的事情,发展农村基层民主,促进农村物质文明和精神文明。公众参与、村委会引导是居民容易接受的,因为村委会与村民生活在同一社区,对公众的思想、观念和想法非常了解。如南张楼村投资10多万元新建了老年活动中心,安装了健身器材,将年久失修的办公室重新进行了整修,设立了"五室",先后接待了100多批次来自全国各地的参观团,成为对外交流的窗口。村委会主要从4个方面解决资金渠道问题:(1)每年从村办副业中拿出一定的资金投入村庄改造;(2)实行人民村庄人民建,大家事情大家办,以公共事业集资的办法筹集部分资金,同时发动沿街住户搞好门前绿化;(3)争取市财政从每年的乡镇维护费中,拿出部分资金支持南张楼村的革新改造;(4)要求赛德尔基金会资金援助用于村庄革新(表2-1)。为了使其方案更趋合理,还需要得到巴伐利亚州土地整理司的技术指导。① 村委会自主建设、对村民进行引导、争取各方面支持是完成村庄革新的有力保障。

表2-1 南张楼村委建设资金申请(2006年)②

建设项目	投入单位	金额
重新整理了西屋,建立了"五室",投资54197.87元;粉刷沿街旧墙壁,投资0.3万元;种植观赏花木,投资0.6万元;新建老年人活动广场,投资12万元。共计投资183197.81元	镇政府	1.3万元
	国土资源局	30万元
	村委自筹	30多万元

① 何官镇南张楼村.南张楼村关于整党、姐妹村建立经济田划分、工副业管理及生态农业建设的规定、总结、典型材料[Z].1986.
② 南张楼村委.南张楼村新农村建设资金申请报告[Z].2006.

在公共艺术和公共文化方面,南张楼村委会的作用是加大对村民的宣传教育和培训力度,提高村民的整体素质。文化广场、绿地、舞场、健身器材要有专人养护,每逢节假日在文化中心组织开展丰富多彩的文体活动,每年的春天组织象棋比赛、拔河比赛,"七一"组织歌咏比赛,"十一"组织书法比赛,春节组织文艺演出队、锣鼓队,每天晚上有秧歌队在文化广场演出,引导农民崇尚科学,抵制封建迷信,移风易俗,建设文明一条街,宣传尊老爱幼、邻里和睦、八荣八耻、扶贫济困,倡导文明新风尚。每年的"好媳妇""好婆婆""模范家庭"评选等都是由村委会组织的公共活动。同时加大公共福利事业的投入,对困难党员、贫困群众等弱势群体逐年增加福利补助。① 村委在村里资金特别紧张的情况下,拿出十几万元建一处老年人休闲场所和老年人活动中心,并在广场上安装老年健身器材,在活动中心配置了台球桌、乒乓球桌等设施,购置了图书,把老年活动中心真正装配成了既能健身休闲又能娱乐学习的好地方。② 村委会为建筑、雕塑、园林、绿化、壁画等公共艺术提出动议及制作规章,改善公共视觉文化,制定村规民约,组织村民进行民主自治,体现村民的民主意愿。村委会是农村制定发展规划和传达国家政策并落实的重要纽带,进行政策宣传,对村民来说是引导与自我管理的体现。

从 1988 年开始到 2008 年,南张楼村的发展是迅速的,原因在于得到了国家、政府和村委会的重视。从这个方面来看,在中国实行村庄革新比在德国要容易,在集体所有制的体制下,推行村庄革新要容易一些。这种引导体现了组织的作用,也体现了政府尤其是村委会在公共环境与公共艺术建设中的作用。袁祥生认为德国的模式不能照搬,首要原因是国情不同尤其是经济发展水平不同,中国农村"熟人社会"的特点决定了个人与集体意志之间的关系,公共艺术动议的形成是农村社会的组织结构所决定的。

---

① 南张楼村社会主义新农村建设五年规划[Z].1998.
② 南张楼老龄工作先进单位申报材料[Z].2006.

二、社会转型与南张楼公共艺术建设

南张楼村从 1988 年到 2008 年的建设过程,也是中国社会快速发展和整个社会变迁的过程。社会快速变化、社会转型对南张楼村来说有重大影响,商业文化和国外文化观念对南张楼村居民的传统意识也有影响。社会转型对老年人、年轻人和儿童在观念、文化意识状态方面的影响是不同的。如,从 1979 年到 1986 年,南张楼村基本处于稳定的社会结构状态,人口变化相对稳定,到 2008 年,由于该项目的实施,人口数量变化相对邻村来说要小(表 2-2、表 2-3、表 2-4)。农村社会的变迁使得公共空间呈现新特点,对南张楼社会秩序的重构有着特定的意义,意义在于公众交流方式转变,公共文化带来新的观念。在南张楼村的社会转型过程中,城市化和社会参与也带来影响,社会转型主要由原来城乡二元结构、人民公社化转变为打破城乡二元结构,这种影响也可以从两个方面分析,即城市化影响农村社区和社会力量的参与。城市化影响使南张楼村民看到自身与城市生活之间的差距,产生改善自身生活环境的愿望;社会力量的参与从跨学科角度,以建筑、农业、工业、资本、商业等多种力量使得南张楼村得到发展,这种变迁包含了公共艺术的文化变迁,它是随着社会文化变迁而变迁的,是公共艺术在特定社会环境中,社会结构、社会关系等方面内容的演变发展,文化特质、文化模式等文化环境的演变发展。社会转型由此带来文化观念的转变,公共艺术由此在社会变迁的基础上发展变化。社会变迁带来观念上的转变,同时对传统艺术产生深刻影响,公共空间与公共生活,包括建筑小品、公共雕塑、不同形式的壁画等,是农村社会变迁中对环境建设的影响因素之一。农村公共空间环境包含的公共文化、公共艺术、地域特色与建筑学、生态学、历史文化遗产,是在交叉学科的研究基础上相互影响形成的。

表 2-2　1979 年人口变动情况统计表[①]

1979 年 12 月 31 日				1979 年 1 月 1 日至 12 月 31 日的人口变动					
总户数	总人口			出生	死亡	迁入		迁出	
	合计	男	女			由本镇迁入	由外镇迁入	迁往外镇	不出本镇
796	3492	1710	1782	48	15	13	11	18	20
总人口中持迁移证、出生证等无户口的人数：　　1978 年漏洞统计出生：　　死亡：									

表 2-3　1950—1990 年人口变化情况

年份	1950 年	1960 年	1970 年	1980 年	1985 年	1986 年	1987 年	1988 年	1989 年	1990 年
男性	975	1290	1609	1727	1846	1882	1901	1905	1930	1958
女性	982	1302	1612	1730	1856	1887	1903	1910	1937	1953
总计	1957	1592	3221	3457	3702	3769	3804	3815	3867	3911

表 2-4　1990 年人口年龄结构情况

年龄	总计（名）	男性（名）	女性（名）	占比（%）
5 岁以下	486	249	237	12.43
6—17 岁	799	409	390	20.42
18—49 岁	1977	975	1002	50.55
50—89 岁	649	325	324	16.60
总计	3911	1958	1953	100.00

在当代社会转型过程中，城市化产生重要影响，城市化对南张楼村的影响并不是城市扩张带来的影响，而是城市生活方式、城市环境与思想带来的影响，这种影响带来的是南张楼村居民对自身生活环境的比较，如何在社会变革中改善生活状况是村民思考的问题。在 20 世纪 80 年代，由于城乡之间差距拉大，户口问题和农村问题凸显，使得走出农村到城市中生活成为大多数村民的追求。城市中的公共环境、经济发展和理念毫无疑问都处在社会前沿，从文化人类学（而非纯粹的生物

[①] 何官镇南张楼村·本村关于 1979 年终权益分配统计报表［Z］，1979：83. 资料来源：青州市档案馆。

人类学)的角度看问题,就没有理由否定历史哲学家关于"一切伟大的文化都是市镇文化"(斯宾格勒)的论断。① 城市虽然是在村落和社会发展基础上形成的,但是作为社会文化的集中表现,城市建筑、公共空间环境、公共艺术对农村有重要影响,城市的艺术有的借鉴民间文化却又不同于农村的艺术形态。"城乡等值化"实验过程并不回避城市化问题,关键在于南张楼村如何实现与城市形式不同但价值相等的精神生活,村庄革新公共文化问题是重点,农村公共环境具有"熟人社会"和社会结构稳定的特点(图2-4),公众所熟知的物品就会成为公共环境中的艺术品,而这种艺术品在农村居民看来并非艺术,传统、外来文化与现代主义相结合的建筑,与生活息息相关的雕塑,有教育和传播伦理道德作用的壁画等公共艺术适合公众的口味,同时对公众有引导作用,这种作用对改变公众生活产生积极影响。

图2-4 熟人社会
中国农村具有熟人社会的特点,有的公共空间是自然而然形成的,南张楼公共空间的建设为居民提供了更好的交流环境。

---

① 翁剑青.转型时期公共艺术的视野[J].美苑,2002(3).

在南张楼村,社会变化、人口外出、项目实施、到南张楼村参观人数的增多,影响到南张楼村居民的观念。传统文化在20世纪90年代以前对农村社区的公共生活影响比较大,但是自从中德合作项目实施以来,城市文化的影响大于农村传统文化的影响,像南张楼村先后约有500人出国,从国外学习很多东西,住在城市的也很多,观念在开放,生活方式变得像城市,但是有的村民由于经济原因没有办法出国或到城市居住。① 南张楼村社区生活的稳定性和传统性对公共艺术提出不同的要求,农村的发展不可能不受到社会发展的影响。在公共空间环境建设中,文化广场是引人注目的重点,公共文化广场在城市中扮演的是纽带的角色,南张楼村所建的文化广场也具有同样的作用,文化中心前面绿草如茵的广场,造型别致的雕塑,还有现代化的体育设施,让这里看上去与城市的文化广场和活动场所没有什么区别。② 南张楼村经验向我们展示了一条"援助旨在自助"的道路,发展了农村社区的公共文化。发展农村社区需要政府各级部门的通力合作,改变视觉文化,以建筑、雕塑和壁画连接传统与现代观念,通过公共艺术改善公众生活。

农村社区不应该成为城市结构的翻版,因此,它并不意味着以城市的标准来衡量,而是通过改善生存条件来改善生活质量。农村居民普遍希望获得城市的生活条件,但是农村有自己的发展道路,不仅有提高物质方面的需求,而且要保持农村特色,南张楼社区成为成功范例。③ 南张楼村创造与城市不同但等值的精神生活模式,使人们过幸福的生活,问题在于中国历史原因造成的城乡之间的差别,使人们有固有的观念:城里一切都比农村先进,城市里的事物就是农村效仿的方向,德国专家不主张农村人口大量涌入城市,但基于目前的国

---

① 根据2008年11月20日笔者对南张楼村村委会主任袁崇永的访问整理。录音整理:朱珠。
② 袁祥生.一个农民的德国情缘——青州南张楼土地整理农村发展项目纪实[M].北京:中国文联出版社,2007:209.
③ 霍尔格·马格尔.研讨会的专业结论[C]//山东省与巴伐利亚州双边学术研讨会文集.

情,农村居民都想往城市里跑。发展农村社区、接受城市文化并形成乡村特色,改善公共空间环境,发展公共文化,形成新的视觉语言,是以农村居民生活特点为基础的,形成适合农村社区的公共艺术。

在南张楼村,项目得到了社会各个方面的关注,社会参与也逐渐深入,社会参与在南张楼村是除政府之外,社会文化机构和研究人员的参与,这种参与是文化参与。专业人员只有具备战略眼光,积极地参与制定规划,通过合理的机制和广泛的知识,把建设社区文化当成建设精神家园,才能更好、持久地发展并得以实施。在南张楼村发展过程中,包括青州文化馆的文化普及,不同研究机构对问题的总结,都起到讨论、反思和监督的作用,如"城乡等值化"是否适合中国农村社区、公共文化如何建设、经济发展与人文素养关系如何、如何建设公共环境问题等,都是在实验过程中不断调整的。由此,南张楼村传统文化和公共空间环境、公共艺术、公共设施的完善带动了村庄革新,建筑、雕塑、壁画、民间美术和公共活动等丰富了视觉语言,2008年的南张楼就已经和以前大不一样,不同专业人员的参与为南张楼村带来良性发展。

南张楼公共艺术的引导主要是由政府和不同机构实施的,2008年由青州文化馆组织的农村文化活动与民间艺术展览,形式包括绘画、书法、根雕、剪纸等,共评出一等奖6名,二等奖7名,三等奖12名,还举办各种巡回活动,丰富了农村社区的公共文化。这种民间活动对农村社区公共艺术的发展起到促进作用,唤起社区居民对公共艺术的重视。

由于受到不同机构的重视,南张楼公共艺术更加多样,农民对于当地传统艺术的了解和理解往往具有局限性,城市文化和城市公共艺术,包括艺术家在城市中的作品,往往成为民间艺术家模仿的对象。公共艺术使人们对某个地区的人文景观留下深刻印象,一个地区的历史、文化、宗教、民俗等影响到公共艺术,南张楼也不例外,村民对公共艺术参与的结果是实现作品与公众的互动,即艺术和公众的双向交流、相互影响,公共艺术呈现出开放性。公共艺术在南张楼的作用也是在公众生活中才显现出来,并且成为生活的一部分的,视觉语言体现居民在公共领域中的话语权。社会参与成为公共艺术与社会公众之间互动的平台,它与公共艺术的建设机制有一定关系,在国外均有社会参与的制度,如百分比计划、仙台模式①等,避免由于决策失误造成令公众反感的后果。在所有社会力量中影响最大的就是公众趣味,每一件艺术作品,无论怎样富有个性和独创性,总是或多或少地与公众趣味有联系,而公众趣味也影响到公共艺术的形式。南张楼村的社会参与充分考虑了当地的实际情况,如公共空间建设考虑到居民的交流等文化活动,青州文化馆组织的社会公共文化考虑到村民的欣赏口味,等等。如果关注公共艺术与社会生活之间的关系,可以发现艺术与社会的关系有三种典型的表现:一是艺术基本服务于社会精英的趣味,在封建社会和权力至上的社会表现尤为突出;二是当艺术成功地表达出人类的基本信仰和生活命运时,艺术便成为一种有效的社会力量,艺术与公众产生互动,从而成为公众生活的一部分;三是艺术只有超越物质感受和物质价值才具有意义,也就是作品所传达的思想才是其意义所在。南张楼村的公共艺术、视觉文化正是体现出了这种互动与引导的关系,体现出公共的重要性。美术在20世纪初由精英美术转向社会关怀,成为生活的艺术,而到当代,只有体现"公共"才能显示它的意义,其中南张楼公共艺术通过和公众互动显现其价值。社会参与中,青州文化馆和何官镇(南张楼村隶属于何官镇)文化站一样,都肩负着为村文化大院工作人员进行业务培训和专业辅导的职责。社会参与和不同机构对公共艺术的参与成为改善公共环境和改善农村视觉文化的手段。文化区域是一个发挥文化的政治、社会或经济方面功能作用的空间。提出文化区域这个概念主要是为了形成地方文化和地域特色,它以整体的地域性为基础,内外交流和社会参与形成整个区域的地方文化,对地域文化的

---

① 仙台模式:1977年日本仙台市成立绿化都市促进审议会,以美化环境为宗旨,装饰开放空间,提升市民的文化修养。作品审核包括艺术顾问、美术评论家、造园家、都市计划专家、美术工作者7位。市议员3名和市府职员3名,建设局和副市长13人,目前人数顺序是:8、2、2共12人。对公共艺术选择的基本要求是:(1)作品必须为指定空间而作;(2)作品不问是具象还是抽象;(3)具有国际视野;(4)必须与周围建筑、环境和历史对话。引自:刘俐. 日本公共艺术生态[M].长春:吉林科学技术出版社,2002:28-30.

反思有利于当地文化的加强。我们利用文化区域的概念,也可以更清楚地认识由当地文化形成的南张楼公共文化,理解区域性的公共艺术为什么会更富有地方色彩。作为一种地方性的社会参与,它的地方文化有民间文化的传统,它是建立在乡土文化的基础上的,"民间"就成为地域文化的主体。这里所说的"民间"介于农村与非农村的范围,艺术心理学把艺术创作的动机界定为基于需要而产生,并在一定的环境下所激发的指向特定艺术对象的心理动力,那么一定环境下艺术主体的心理"情境"便成为艺术创作动机的源泉,如果脱离开南张楼本土而强加之以其他区域的公共文化,当地居民的认同感就缺失了。南张楼公共艺术的内容与形式在社会发展过程中应当成为公众生活的一部分,公共艺术的公共性就自然体现出来了。从视觉语言上看,南张楼建筑是传统基础上的改变,雕塑是民间艺术家对现代样式的模仿,壁画影响村民的道德规范,民间美术保留的是地域文化,社会参与成为南张楼公共文化转型的外在推动力。

城市化与社会机构在南张楼村参与的是公共文化,对公共生活来说是公共空间自然环境和公共精神家园,农村生活不同于城市,也不能把农村建设成城市,而是通过城市先进理念改变公众观念,使得农村公众在公共生活和接受公共艺术方面与城市得到同样的精神食粮。在社会参与方面,文化区域概念形成公共艺术的地域特色,它逐渐和传统、现代文化相结合。社会参与扩大公众在公共艺术方面的视野,从而引导公众转变观念,而不是脱离生活的改造,如果只是某一方面一厢情愿的话,往往事与愿违。

三、南张楼公共艺术与公众参与

公共艺术与公共生活的转变在南张楼村主要体现在以下两个方面。第一,公众对公共艺术的认识过程。当代公共艺术是一个逐渐发展的过程,对南张楼公众来说也是逐渐认识当代公共艺术的,村民并不清楚当代公共艺术的作用,也不了解公共艺术与生活的关系,但是在实际生活和对外交流过程中,对生活环境的认识自发产生一种愿望,这种愿望是建立在模仿的基础上的。第二,公众需要与公众参与。在公共艺术的建设方面,公众需要与参与体现公共性,没有公众的参与,公共性就无从谈起。20世纪国外艺术发展强调艺术与生活的关系,杜尚的生活器具成为艺术品,大地艺术、波普艺术是艺术与生活环境的结合,在中国,美术与生活的关系在20世纪90年代以后也备受关注,城市公共艺术成为改善公共环境的要素之一。在农村社区,公共环境是和村民生活紧密联系的,也符合居民的经济、文化、观念水平的要求,公众在公共空间环境中的交流成为改善公众生活的一种手段,公共艺术是公众在公共空间中的互动要素。在"城乡等值化"项目的实施过程中,南张楼居民自始至终被放在第一位,该项目重点关注公众是否需要和需要什么样的公共环境,需要何种公共艺术和如何建设,只有村民参与才能保障项目顺利实施和实施后符合大众的欣赏要求,避免单独决策而导致群众有不同的看法。因此,公众参与是非常重要的,公共艺术的建设过程也是引导公众转变观念和接受新鲜事物的过程,公共生活的转变使南张楼村居民认识到建筑、雕塑、壁画等公共环境的重要性,同时也影响到日常生活。

公众对公共艺术的认识过程是长期的,是在日常生活中体现出来的,是与公众生活转变一致的。为什么农民不愿意生活在农村呢?袁祥生说主要是农村环境不好,劳动条件艰苦,生活条件落后,公共设施不完善。德国的农村,由社会经济发展带来设施完善,另一方面,对农村文化进行保护,农村特色、生态、公共环境和公共艺术的建设,使居民产生生活归属感。文化娱乐活动与吃饭穿衣一样是南张楼居民的基本需求,过去农民被拴在土地上,生活单调乏味,在德方的积极倡导下村里投资建立了民俗博物馆、有现代设备的大礼堂、活动广场、老年活动中心,有乐队、舞蹈队等,村民们感觉村里的文化生活不亚于城市。① 公共活动向公共文化传播和公共艺术提出了要求,如在德国,创建于1990年的"巴伐利亚乡村文化节"每两年举办一次,是积极和有创造性的丰富多彩的社区文化活动。同样,在南张楼村,积极主动的各种公共文化活动也让居民切身感受到公共艺术带来的变化,也就是说,公共艺术也应该成为生活的一部分。作为置于公共场所中的艺术作品,首先应具有与公众交流的性质,而不是完全独立的作品,要求公众对作品具有参与性,甚至触摸和攀缘其上,应该是一种生活的艺术。如南张楼村利用学校周围的壁画教育儿童如何尊师重教,学校的雕塑也成为学生积极向上的动力,中德合作园林和公共健身活动也让群众有意无意想起南张楼村与德国之间的关系,文化中心让群众想到国外建筑样式,公共空间环境成为提高公众生活质量的重要场所,公众文化让公众更多更全面地认识公共艺术作品,并不断改善公众与环境的关系。公众的参与包含两个方面:一方面公共艺术引导公众生活,改变公众观念;另一方面公众参与能够使公众认识到公共艺术的实质是大众的艺术。

公众对公共艺术的认识,不同人群观点不同,更容易接受新鲜事物的年龄段是18—49岁,从1990年人口比例看该年龄段的人占到南张楼村50.55%,男性和女性比例基本持平。妇女的参与也被提到了重要位置,充分发挥了不同人群参与的力量(表2-5)。从艺术生产的角度而言,生活是艺术生产的源泉,是生产者进行产品加工的原始材料,不同的人群产生不同的观点,占到主体一半的人群认识和接受新的事物,能够通过自身对社会的理解来认识公共环境和公共艺术,外出打工和从外面世界带回不同理念的正是这部分人群,引导这部分人群成为公共艺术建设的关键,他们成为建设自己更美好家园的主角。在20世纪80年代以前,社会公众对美术的认识主要还是以纯艺术为主,主要是精英绘画和政治宣传作品,甚至城市公共艺术也没有真正提到建设中。在

---

① 袁祥生.一个农民的德国情缘——青州南张楼土地整理农村发展项目纪实[M].北京:中国文联出版社,2007:235.

表 2-5　1997 年南张楼村妇女参与公共艺术认识状况

总人口	妇女人口	文化程度
4201	2102	小学文化 590 人,初中文化 472 人,高中文化 112 人,大专文化 6 人,有技术职称的 38 人

80 年代以后,美术与社会的关系从视觉文化这一更高的高度来阐述,城市公共艺术的兴起使得公共艺术与公众社会生活联系密切起来,公共艺术成为城市公众生活中重要的组成部分,并在公共环境建设中起到重要作用。改革开放以来,随着农村建设进度的加快,村民产生通过公共艺术改变生活环境的愿望,这样便容易接受通过公共空间环境和公共艺术改变农村社区的理念,对城市公共环境的直观感受让村民接受了公共艺术对环境的作用。在南张楼村,公共艺术是伴随着公共空间环境的建设而发展的,每家每户的住宅、文化广场、学校的雕塑、壁画、博物馆内部陈列是对自身历史的反思、改善、继承、保护。

对自身公共环境的不满是公共艺术建设的动力,群众参与可以更好地建设公共艺术,使公共艺术适应公众的生活、文化状况,成为与群众产生共鸣的艺术。2008 年,南张楼村公共活动空间存在的问题是活动场所少和单调,离得远的村民不习惯到文化广场去,应该建设更多不同活动范围的公共活动空间。[①] 公共艺术及文化理念介入公共生活会产生好的效应,能够激发居民对社区的归属感,调动和培养居民参与公共活动的责任感,增加居民对自身生活的认同感,促进居民之间相互对话,传承社区文脉和历史风貌,利于居民审美文化修养的提升,带动社区环境及物质文明建设。公共艺术具有改善和美化环境的作用,但是只有公众参与,才能产生对话,南张楼居民的需要和产生的互动说明了这一点。

南张楼居民参与公共艺术建设的形式多种多样,从提出构想到捐赠博物馆日常生活用品(图 2-6),与"城乡等值化"实验提出的以居民

---

① 引自 2008 年 11 月 20 日笔者对南张楼村村委会主任袁崇永的访问。录音整理:朱珠。

图 2-6　群众捐赠的展品

在南张楼博物馆中,村民捐赠的物品成为公众生活的历史记录,成为南张楼社会变迁的见证,但是对南张楼村民来说,会因过于熟悉而忽略它。

为主的理念不谋而合。实验过程侧重于提出理想的目标性任务,重点在于组织者与居民之间的沟通,村委会和德国方面对社区建设的理念,调动了居民积极的态度和行为上的变化,使他们更能主动参与社区的建设,伴随公共空间环境的改变,形成富有特色的公共文化与公共艺术。公共艺术在观念语言上需要指向一种公共性的精神,居民认同是南张楼公共艺术设立和形成动议的前提。在打破城乡二元结构和确定土地流转以后,村民的生活出现改变,空余时间和富裕居民增多,出国和到外地的村民增多。1997 年,南张楼村首届"丰收杯"文体活动大奖赛拉开帷幕,活动内容有书画、摄影、秧歌、锣鼓、越野赛跑、大力士擂台……赛事纷呈,竞者过千,全村七旬老人、十几岁孩童、怀抱孩子的大嫂,人人脸上挂满了开心和喜庆……[①]公共文化的繁荣需要公众的参与,同样也需要征求公众的意见,如在一次村民大会上(1100 人参

---

① 袁祥生.一个农民的德国情缘——青州南张楼土地整理农村发展项目纪实[M].北京:中国文联出版社,2007:273.

加)不同人群提出以下意见：教师提出改善中学教学条件；农民提出改善住房条件；幼儿园教师提出增添设备、玩具，扩大场地；妇女提出改善村庄道路，使村庄变得更美丽；初三女学生提出村子要变美，改善生活和教学水平，未来应达到德国的水平，但是未必相同；初一学生提出村子应该变得像公园一样……"城乡等值化"项目提出，凡是公共活动，在筹备阶段公众必须要参与，并且提供一切必要的信息，使村民有机会了解规划。在南张楼文化中心，保证每一家有一个座位，目的就是保证村民参与和有公平发言的机会(图2-7)。因此，南张楼村民在建设和发展农村社区过程中热情高昂，在全村各项公益事业建设中共出义务工15万个、捐款20多万元，并把自家许多珍贵的生产、生活用具无偿捐献给村民俗博物馆，还先后投入4000多万元用于生活住宅的翻新，促进了村庄规划的顺利进行。公众参与并捐献的物品成为公共展示的艺术品，这种公共艺术与"艺术家—作品—观众"这种线性生产、消费流程是不同的。在公共艺术的建设中始终强调公众的参与，许多作品是艺术家(包括民间艺术家、商业制作)和公众共同完成的，公众的参与使公共艺术成为公众的艺术。公共艺术的目的之一，就是使得参与

图2-7 南张楼文化中心

全村有1013户，文化中心设置1013个座位，保证村民的公共参与。

公共艺术的活动(包括创作、交流、欣赏及批评)成为社会普通公众的自觉行为与自身需要。马克思与恩格斯在1845年合作的《德意志意识形态》中,把精神活动称为"生产":思想、观念、意识的生产最初与人们的物质活动,与现实生活的语言交织在一起……人们是自己的观念、思想的生产者。正因为公众参与了,在公共艺术建设中才达到"艺术即生活",生活的改变成为艺术的动力。南张楼村在公共艺术与公共空间及环境建设方面,参与形式多样,其中村委组建了工作小组,60名村民代表被任命为各小组成员,第一次讨论(1990年)正是与这些小组成员展开的,主要意见是:老年妇女对业余娱乐活动场所感兴趣,比如凉亭、花草树木等;年轻妇女认为即使现在没有能力做一些改变,也应让下一代继续下去;年轻小伙认为城市里有很多文化活动,农村也应该搞点什么,如青年之家、图书馆、带灯光的体育场等。公众参与使公共空间环境和公共艺术有群众基础。这个方面体现的是公共艺术与公共性,一个成熟的社会是"公共"的前提条件,经济领域的平等交换原则,体现在公共领域中是公共意见的交流和公众意见的实现。从这个方面来看,"城乡等值化"项目的成功之处在于村民参政议政的意识加强了。赛德尔基金会一直要求项目实施过程中要有村民的参与,公众的参与使公众对公共艺术在认识方面有了提高,是公共性事物和公共艺术建设愿望的基础。缺乏公众参与的艺术难以具有公共艺术的公共性,公众参与是公共艺术公共性的重要体现,也具有反复评价和随着时代发展的特点,公众思想观念的转变对公共艺术的认识也随之变化,体现了公共艺术在农村社区的特点。作为一种独特的艺术形式,公共艺术应该与环境产生关系,绝不应当由当权者或个别人来决定,应该是大家一起来做的一件事,甚至民众在其中也扮演着重要的角色,如果脱离农村实际情况和公众的参与,公共艺术则失去生命力。

公共艺术的建设、接受、参与、互动的过程,由此产生公共艺术的公共性问题,公共参与是农村社区公共艺术建设的重要力量,在整个合作项目的进程中,强调公众参与的作用,真正了解公众的想法,建设符合公众观念的公共艺术是中德合作项目的重要原则。

第三章 "观念改变生活"

——南张楼公共艺术的角色及功能定位

公共艺术与公共生活关系密切,公众观念的转变与公共生活的变迁相互影响,社会政治、经济发展水平等因素也发挥着举足轻重的作用。在南张楼村,公共艺术是传统文化延续的载体,其折射的正是公共观念,而在其建设中,积极改造与发展传统的公共艺术,并合理引入现代都市或者外来的公共艺术,必然会带来公共生活的巨大变化。在南张楼村,民俗博物馆是中国传统的造型,文化广场是重要的公共场所,建筑群落是视觉文化的一部分,雕塑和建筑小品作为公共空间的构件与公众生活联系密切,它们和随处可见的壁画一样,形成独特的颇具地域特色的公共文化,承载着当地文化遗产,对居民进行着道德教育,并发挥了美化空间环境、提升审美品位的功能,发挥了联系公众的社会作用,从而构成了公共生活的一部分。

一、公共艺术与传统文化的延续

公共艺术在南张楼村是传承文化,表达观念,唤起公众的归属感、社会责任感、认同感的重要的视觉文化。传统文化体现地域性文化的传播,在绘画方面,由于青州博物馆对当地遗产的挖掘和保护,包括魏晋以来的雕塑、绘画等在青州博物馆内有收藏和展示,对当地的社区艺术产生辐射。公共空间环境中的建筑、雕塑和绘画传承当地文化传统,公共艺术也是当地传统艺术的民间表现。受到这些方面的影响,南张楼村的建筑一方面加入传统元素,一方面吸收外来的建筑风格和装饰,这与20世纪90年代中期后的现代风潮影响有一定关系。在相关理论的论述中,文丘里在《建筑的复杂性与矛盾性》中针对现代建筑的冷漠、无个性,犹如放之四海皆准的"方盒子"的弊病,提出后现代建筑的原则:通过符号体现传统。他设计的"母亲住宅"中山墙采用古罗马形式,开窗不规则,三段式造型体现基础、主体、屋顶样式,后现代建筑的人情味、符号化是对历史文化的阐释。这种传承历史文化的造型艺术也体现在公共艺术上,南张楼公共艺术离不开传统文化,壁画、雕塑中也离不开传统造型与纹样,公共活动则与传统生活有关。公共艺术与南张楼村传统文化的延续表现在两个方面:(1)传统造型艺术和传统文化的保留与公共艺术的结合;(2)建筑、绘画、雕塑成为环境的实用性构件。

公共艺术在南张楼村发展演变的过程,包括了公共艺术影响社会公众,也包括社会因素对公共艺术发展演变的影响。南张楼村公共空间与公共艺术从基本理论分析,可以看出其存在的基本状态,街道上的建筑造型,牌楼石刻,门面的图案装饰、招牌、灯饰,民宅雕刻、窗花,牌坊,道路,桥梁,社火戏台,祠堂庙宇,等等,充满审美创意与人文内涵的街道景观,都曾是传统空间中具有某种公共性的艺术景观。① 这些要素具有公共艺术的性质,建筑、街道及其附属物、独立的雕塑、壁画在南张楼村的公共空间都是其中的外在表现(图3-1)。公共艺术作为一种造型艺术,在农村社区的表现大到建筑和整个村落的视觉形象,小到村民日常使用的物品和民间艺术。南张楼村的公共艺术不同于"精英"艺术,它具有民间的特点,适应村民的审美,公共艺术的观点来自于传统生活和生产,这种大众艺术时刻存在,这类艺术在它诞生的时代深受广大公众的喜爱,但是一般不被人们承认为艺术,艺术理论家在探索艺

---

① 翁剑青.城市公共艺术:一种与社会公众互动的艺术及文化阐释[M].南京:东南大学出版社,2004:131.

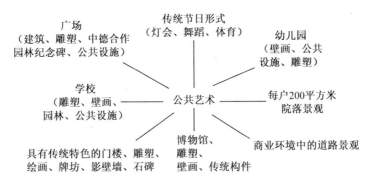

图 3-1　南张楼公共艺术的外在表现

史的过程中,看到了此类艺术在各个时期的兴起,进行定量分析,认为最受欢迎的艺术就是最杰出的艺术。[1] 当代视觉文化的研究把公共艺术推向更宽的范围,有的则从社会学角度分析,艺术与社会的关系使公共艺术转向社会学,认为对社会和公众有益的视觉艺术都应该属于美术研究的范畴,因此,公共艺术在农村社区的范围也应从视觉文化的角度进行研究。

公共艺术是以一定的材料和手段,在三维或者两维空间中塑造可视的艺术形象,以此来反映社会生活和表达艺术家思想情感的艺术,其中主要包括造型艺术、视觉艺术、空间艺术等。农村社区和城市相比,在外在表现、对公众产生的影响、改善公众的视觉形象方面具有相通之处,农村社区对公共文化和公共生活产生影响。赛德尔基金会在村庄革新中对公共空间符号化的运用,正是公共艺术在南张楼村公共空间的应用,"城乡等值化"实验强调具有传统文化、增强居民归属感的空间环境,以新建的建筑中的传统符号,结合外来装饰,既符合当代公众新的生活需求,又不会和传统生活割裂,公共活动广场上的雕塑就来自居民的日常生活(图3-2)。建筑是环境中最大的公共艺术品,中国传统的建筑以梁架结构为主,以"间"为单位,外形挑檐,整体院落具有合院特

---

[1] 赫伯特·里德.艺术与社会[M].陈方明,王怡红,译.北京:工人出版社,1989:77.

图 3-2　与日常生活息息相关的事物成为公共艺术品，公众非常熟悉，容易接受

点。在 20 世纪 50 年代，"方盒子"加"帽子"的风格从新中国成立十大建筑中可以看出，在南张楼村也可以看出这种建筑风格的影响，如在文化广场附近的医院建筑也基本采用这种风格。南张楼村民住宅经过 1988 年以来的改造，紧凑、平房式的宅院（每户大约 200 平方米）是最常见的模式，通向院子的是一个双扇门，踏进大门便有一堵墙（影壁墙）挡住了通向院内的视线，充满装饰艺术的大门，点缀着村庄的容貌，也展示每个宅院的个性。传统村落的建筑具有"工"和"匠"的特点，"师傅带徒弟"使传统建筑具有一脉相承的特点，具有东方色彩的造型语言，例如殿、亭、廊构成三种最基本的空间结构，其中壁画主要体现在教育区（幼儿园）、博物馆公共活动区、住宅（影壁墙）、街道等。壁画在民间的表现形式多样，它和城市壁画的作用有共通之处，即美化与教育，不同之处在于城市壁画是由精英艺术引导公众，而南张楼村的壁画是以公众生活为基础，壁画内容符合公众审美，公共艺术和功能区、公众审美有很好的结合，这种特殊意义的公共艺术是稳定的农村社区所独有的。雕塑在南张楼村不仅是普通的构件，而且成为美化环境的重要部分，雕塑一方面来自于民间传统造型，如村委会门口的石狮，公共文化广场上来自于居民生活的动物雕塑;另一方面来自于外来文化,如文化中心的浮雕。

就"公共艺术"的字面意义来看,其包含的类型广泛,绝不仅仅包括户外雕塑,其艺术语言的载体可以包括开放性,以及可供公众感知的壁画、雕塑、装置、水体、建筑构造体、公共设施、建筑表面的装饰及标识物、灯饰、路径、园艺、地景艺术等,同时也包括大众兴办和参与的公开表演(如戏剧、音乐、歌舞、民间集会和各类公开的表演)和其他公开的表演。[①] 中德合作纪念园中的石头不仅成为历史纪念,而且作为公共雕塑展现在公共空间,在学校教育区,校园内的雕塑延续了自新中国成立以来的传统观念,对学生来说不仅有历史的记忆,而且又有新的审美(图3-3)。在居民建筑的构件上,门楼上大多有民间绘画,村口牌坊和

图3-3 南张楼村中学雕塑

---

① 翁剑青.公共艺术的观念与取向[M].北京:北京大学出版社,2002:14.

村委会大门类似的牌坊样式是对传统公共艺术的另一种阐释。由此看来，南张楼公共艺术得到社区居民的认同，原因主要来自社会生活，传统文化不可避免地影响到公共艺术，首先它扎根于公众生活，体现了公共艺术和生活的关系。

南张楼居民对环境的评价和体验对公共艺术的文化传播起到良好作用，博物馆是一个整体的公共艺术品，不仅从造型上保留传统样式，而且体现了公共艺术的众多门类，包括门口的雕塑、门楼的造型、内部的陈列品、雕塑、壁画、展示的生活用品、建筑构件等。整体院落的环境也在细节部分体现公共艺术的不同形式，从延续民间传统文化到因为生活的转变而形成的当代审美，无不如此，民间绘画、公共文化活动等构成的公共艺术也是南张楼村的外在表现（图3-4）。街道两侧的公共休闲设施对公众生活也产生影响，大型公共活动集会如传统节日中的花灯会等民间活动，成为公共文化的重要组成部分，公共艺术让居民感受到延续的传统，而且不同的公共文化活动有不同的艺术表现，包括其

图3-4 南张楼村博物馆入口

南张楼村博物馆建筑采用传统的建筑形式，内部陈列的物品是村民生活器具，但是在入口影壁墙、回廊中是当地颇具影响的绘画作品。

中的色彩、造型、表演等，公共艺术与公众之间的交流促进公众对当代文化的认识，公共艺术既传播传统文化，也传播当代文化。

虽然公共艺术在南张楼村有具体的表现，建筑、雕塑、壁画、民间美术等对公共环境产生了重要的影响，但是在建设中也存在很多问题。问题之一是公共空间的建设没有从整体到细节的考虑，文化广场成为一个窗口，公共文化非常活跃，乐队、舞蹈队、运动队和传统节日庆祝都说明了这一点，但其他公共空间（如户与户之间的公共空间、居住公共空间）的建设相对滞后。公共设施以及商业、手工业、服务业的设施都集中在村中心，而在其他地方几乎没有被用上。问题之二是虽然建筑、雕塑、壁画在主要公共空间（如街道、文化广场）得到重视，但是其他空间中的公共艺术则没有得到重视，村文化设施和文化活动场所是南张楼村公共文化建设的重中之重，形成了一些面子工程、形象工程，问题是发展得不协调。在主要街道和文化中心、博物馆、中德合作林、学校等区域，对公共艺术和视觉文化的建设非常注意，但是其他居住区等公共空间脏乱差的问题依然存在。问题之三是公共艺术大量运用商业行为，没有真正挖掘南张楼村传统艺术，导致一些粗制滥造和模式化问题产生。问题之四是建筑造型特色并不鲜明，没有形成特色。对项目存在的问题及今后的设想，袁祥生谈道：村民的思想观念需要进一步更新，卫生条件、生活方式要进一步改善。要将村内五个荒湾（当地方言，即闲置的自然水塘）全部改造成村民公共娱乐的公园，改善村庄环境面貌，让村民有休闲娱乐的地方，建造老年活动中心，让老人老有所养、老有所为、老有所乐。南张楼村自1988年"城乡等值化"实验项目实施以来，虽然目前还存在许多问题，但是公共空间的建设实实在在地为村民公共文化的改善提供了条件，公共艺术充实了内容，从无到有的过程改善了南张楼的视觉文化。

公共艺术传承传统文化，它也与传统观念有关，南张楼村传统观念对公共艺术的影响主要是传统造型艺术与公共艺术的结合。它所体现的是公众的艺术观念，这种艺术观念包含在整体的视觉文化之中，它既隐含在作品之内，又通过公共艺术作品传达思想，因此，这种深层次的内容成为传统观念表达的内在思想。这种文化观念体现在南张楼公共艺术上，是根植于公共生活之中的，它将传统观念赋予视觉艺术。在开始规划和建设初期，主要是对公共艺术观念的认识，因为它关系到社区整体的视觉语言和公共文化，关系到把社区建设成一个什么样的形象，涉及公共艺术如何符合整体的视觉语言的问题，而后公共造型出现上述的问题也是正常现象，关键的是如何在后续的建设中不断修正和改进。作为一种历代传承的艺术形式，中国农村社区传统文化观念的形成是代代传承和相对封闭环境遗留的历史产物。20世纪80年代以来，这种传统观念已经不完全是代代相传的，它融合了当代文化、外来文化，在社会结构相对稳定的农村社区，传统观念依然占据主导地位，因此，南张楼村公共艺术是传统造型艺术与外来文化的结合。

　　南张楼村传统文化与观念的转变是在相互交流和冲突中进行的，这种转变可以从生活中看出。以前农村的生活就是脏乱差的代名词，在这样的生活环境下，农民想文明也文明不起来。为了改善村里的卫生状况，南张楼组织了卫生队，负责主要道路的保洁工作，赛德尔基金会提供了清扫车和垃圾箱。① 这种公共空间环境的改变使村民对公共问题产生新的认识，其中也出现了许多问题，如在1990年，在南张楼村中心场地利用率上出现矛盾，商业、手工业、公共设施范围较小，经过商议认为缺少如下场所：书店、广场、团体用场所、集市、大厅，并提出建议，利用相关空地建设足够的公共活动空间；荷花池作为教育中心又可以作为娱乐活动场所（注：教育中心包括中小学、幼儿园）。在建设之初，改变村民的"传统观念"是村庄革新的重点之一，通过公共空间环境和公共艺术引导居民认识自身环境与传统文化。在项目实施过程中，问题在于公共艺术求新、求变，搞好村庄环境，把现代化和民族特色

---

① 袁祥生.一个农民的德国情缘——青州南张楼土地整理农村发展项目纪实[M].北京：中国文联出版社，2007：235.

结合起来,彻底解决农村"脏、乱、差"的问题,为村民营造美好舒适的幸福家园,大力发展文化事业,丰富农民的文化生活,提高农村的文明程度。① 中国和德国国情不同,因此在公共空间环境和公共艺术方面有不同的观点,以巴伐利亚州来说,1000人左右的村庄只有3~4户农民从事农业活动,而南张楼村人多地少,村庄规划较乱,公共空间利用率较低。在南张楼村文化景观的建设中,建筑、雕塑、壁画、民间传统文化、传统构件是整体公共空间环境的要点,把功能、技术和思想信仰结合在一起成为环境建设的重要问题,其中的内、外环境都是建立在技术与意识层面的,技术是完成项目的保障,意识是公共艺术传达的理念。经过20年的整体改造,南张楼村对整体文化的建设从个体转变到整体,公共艺术可以唤起公众对传统文化的认识,传统四合院建筑是儒家文化传统的体现,长幼尊卑和等级观念体现在建筑的空间环境中,传统雕塑不但强调形式美,而且要具有一定的寓意,壁画不但要美化环境,而且要具有教育功能,如影壁墙上面的绘画体现的是公众趣味。民间艺术往往和生活器具相结合,博物馆中的公共艺术不仅体现"生活即艺术",也体现公共艺术"公共"性在公共空间中的互动,但是南张楼群众并不认为这种生活中司空见惯的造型是艺术。这种公共艺术体现乡村生活的传统文化,对社会发展来说则成为一种历史,对后代的影响在于保留乡土观念。在德国,农村家庭博物馆对历史的保护成为重要的公共景观,也成为重要的旅游资源,在实验项目中,有意识地加强艺术与生活的联系,保留一定的历史,公共艺术为此提供了最好的表达,同时也承载了传统文化,南张楼村居民对此也从无所谓到有意识地保护。

  公共艺术与传统文化的关系,和南张楼村群众观念的转变是同步发展的,与1988年以前比较,公共艺术出现转折性变化,这种变化和"人"的转变一致。对南张楼村来说,公共艺术的建设与发展,既包括公共艺术对公众产生的影响,也包括在合作项目中居民从传统小农意识

---

① 袁祥生.一个农民的德国情缘——青州南张楼土地整理农村发展项目纪实[M].北京:中国文联出版社,2007:95.

向现代社会转变的无形观念。公共艺术这种公共性的视觉艺术表达了人们对社会和文化的看法,也表达了居民对生活的思考,主要是意识形态的问题,视觉文化所涵盖的则是全面、综合性的东西,既包括传统文化,也包括现代文化,是公众看待传统、改造环境的一种手段。公共艺术在村民的观念中起到重要作用,一方面体现在传统艺术的现代演绎上,另一方面缓和了历史文化和现代文化的冲突。在南张楼村民对环境的体验和公共文化的改善方面,传统观念的传承与对当代理念的认可起到重要作用。

南张楼村公共艺术是对当地地域性造型艺术的传承,体现了对传统艺术和传统文化的保护与继承。20世纪80年代以前,传统造型的延续是建立在南张楼村对外交流不流畅的基础上的,公众虽然对公共性艺术喜闻乐见,但是也熟视无睹,传统造型不仅表达传统文化,而且包含传统思想(图3-5、图3-6)。重视公共文化在南张楼村是有历史传统的,保留了传统四合院的空间环境,虽然在装饰上多采用在20世纪90年代以来对中国建筑影响重大的文艺复兴时期的装饰,甚至在主要的公共建筑上也采用,但是传统的大屋顶和飞檐一直对农村建筑产生影响,当地居民认为,以前老一辈就是这样建的,现在这样建造就可以,至于改进,要看到模仿的对象才行,这说明村民观念的保守性。南张楼村的雕塑为纪念性雕塑、民间雕塑,出现在牌坊、标志(如村入口)上,传统园林的雕塑是人文思想的体现,所以中德合作林利用传统园林的石头作为景观,文化广场中利用生活中的动物做成公共雕塑,在公共活动广场中成为联系公众生活的场所。壁画上有当地流传的故事,纯粹审美的"清明上河图"放大后置于博物馆的墙壁,线刻连环画故事的"忠""孝"也是传统道德的内容。其中民间美术则完全体现了当地群众的一种生活趣味,一方面,民间绘画是民间艺人的艺术结晶,符合当地公众的审美;另一方面,民间美术是一种生活的装饰。公共艺术是在这种公共区域内形成的视觉焦点,是具有认同感和归属感的精神性产品,形成对地域的认知,与社会文化、空间环境互动,与人文活动及心理情感产生联系。作为公共艺术创作的内在动力,有的则以强调地方文化及社

图 3-5 南张楼传统造型入口

梁思成先生对中国传统建筑的概括,使人民英雄纪念碑造型对一般建筑的地基、构架、屋顶形成深远影响,农村社区的公共艺术是否也受到相关的影响呢?

图 3-6 20 世纪 70 年代南张楼入口

从 20 世纪 70 年代到现在,形式并没有变化,变化的是承载的内容。

区特征为主,如青州当地具有影响的宗教建筑及辅助小品等(图3-7),南张楼村公共艺术正是具备了这种地域性。当地对传统艺术、传统文化的认同成为公共艺术的当代表现。

图 3-7　青州清真寺碑记

　　在青州市有多处宗教建筑,其形成的公共艺术及承载的内容对公众观念产生多方面影响。

　　南张楼传统造型艺术的创造主体是民间艺人。民间艺人生活在公众之中,了解并熟悉公众的需求,民间艺术家的作用是通过传承民间技艺,实现创造民间艺术的目的。民间美术在世俗与人情世故中创造贴近公众的艺术,在血缘关系和情感交流中创造能引起公众共鸣并带有地方乡土观念的作品,这种血缘关系体现了民间艺人、公众与公共之间的联系,它也体现了民间美术对公共环境的作用。在农村社区,公共艺术的最终目的并不是体现艺术家所创造的艺术风格以及形成的艺术思想,而是体现一种群体性的精神空间,是人类改造自身生存环境的一种外在表现形式,表现的是大众的欣赏趣味。公共艺术本身鲜有沉重的东西,至少在公众看来是要喜闻乐见的,体现的是公众的认同感,传统文化为公共艺术提供了形式与内容上的源泉。南张楼村公共艺术表达的是传统观念,对建筑、雕塑、绘画来说,历史原因形成的公共艺术在当代建设中影响至深。

南张楼村中,传统造型和历史影响非常重要,公共空间及公共艺术是以公共活动为中心形成的,而公共艺术对传统造型的延续随着时代的发展而变化,这种变化脱离不开农村传统观念。在建设公共活动空间来改变公众生活方面,袁崇永认为:这个方面是必须建设和推广的,南张楼村正在加强建设,利用新农村建设的机会,争取一部分资金,老百姓出力,最起码建设成老百姓自己活动的地方,顺便看是否能开发旅游资源。① 在公共艺术与公共空间对村民生活的影响方面,南张楼村中德合作培训中心袁普华认为:在中国目前的状况下,学者和研究者已经提出了广泛、深入的意见与建议,也对此深信不疑,问题是一方面要让政府认识到建设公共艺术与公共空间的重要性,另一方面要针对村民的不同要求,倾听公众的意见,这样才能建设得更好。

南张楼村民间艺人和商业化行为在公共艺术的建设上充当了艺术家,"城乡等值化"项目的实施者(即负责人)和村委会对建设过程起到决定作用,公众的参与和欣赏口味决定了公共艺术的形式。民间艺术并不是个人观念的表达,而是建立在公众生活和传统生活上的艺术创造,当地传统文化为公共艺术提供源源不断的素材,成为公众生活的一部分。现代艺术介入公众生活涉及接受问题,南张楼村美术社会化是在不断冲突中发展的,是传统文化和现代文化的结合。另外一种观点认为,南张楼村民传统思想观念发生转变,是外出务工者在外接受到的新意识起的作用。但是观念转变要有内、外两种因素,外在影响的重要性不言而喻,内在因素是传统思想观念能不能适应当前社会的变化,从此前南张楼村的整体环境来看,传统艺术对村民生活的影响是不可忽视的。

---

① 引自笔者对南张楼村村委会主任袁崇永的访问,2008年11月20日,录音整理:朱珠。

传统文化的延续体现在公共艺术上主要是形式问题,它利用公共空间、文化中心和博物馆,利用与生活密切相关的事物,如建筑门楼造型和绘画、每家每户大门入口的影壁墙等宣扬传统文化。对于南张楼博物馆有不同观点,有的认为在目前中国乡村公共文化建设中,尚不具备建设博物馆的条件,应重点把精力放在经济建设中;有的则认为经济建设虽然重要,但是如果只是注重经济建设而忽略精神文化,必然导致更多的社会问题产生,如道德沦丧等。南张楼村经验说明,同步进行甚至公共文化先行是长远大计,它会促进经济建设的良性发展。博物馆促进了乡村文明和公共文化建设,它包含了公共艺术的诸多因素,建筑的空间环境成为承载历史的公共场所。在建设过程中,为了寻求富村强民之路,袁祥生5次去德国考察,那里的农村博物馆和家庭博物馆深深吸引了他,他亲手摸着古老的风车等,仿佛走进德国农村的历史……袁祥生陷入深深的自责:南张楼的乡村文化遭到3次严重的人为破坏——1958年、1966年、1976年。1958年他还年幼,1966年"破四旧",1976年"扒老屋"。[①] 王志在采访中问为什么要搞博物馆项目,袁祥生说这个项目叫村庄革新,不仅是盖房子的问题,还包括有特点的古建筑和文物景观保护的问题,这是农村文化的一个重要部分,不要把这个项目看成盖几座民房就算完成了,其中保护农村古文化也是一个很重要、很有意义的内容。[②] 1949年以来,对农村社区文化的建设是反复的,"破四旧"把具有乡村特色的建筑、雕刻、民间壁画、书籍、古画等作为旧文化去掉,在改革开放时期,大家注重经济建设,出现了明显的文化断层和信仰缺失的问题,在农村,具有历史价值的艺术品往往难以找到。在德国,对乡村传统文化的保护形成独特的农村景观,南张楼村博物馆也起到这样的作用。投资80余万元建造的博物馆,展示了古代生

---

① 袁祥生.一个农民的德国情缘——青州南张楼土地整理农村发展项目纪实[M].北京:中国文联出版社,2007:191.

② 根据2006年11月26日中央电视台《面对面》节目主持人王志对袁祥生专访的录像资料整理。录像资料提供者:南张楼村长袁祥生。

活用具、生产用具、古文化用品等,展现古代民俗历史,激励后世创业人。① 它所承载的历史与传统的态度是公共文化的传播,公共艺术应该具有公共价值、文化价值,而不是金钱价值,它是时代的缩影,可以让公众从作品上找到与时代的互动关系,公共艺术是与人文景观相配合的元素,而不是可有可无的和点缀性的小品。从这个意义上讲,南张楼从"城乡等值化"实验中得到的更多的是精神财富,博物馆的建设不仅保留了南张楼村传统的生活器具,而且对当地传统艺术有保留和保护。青州博物馆(图3-8)是县级市中规模较大的博物馆,由于当地出土了辽代、魏晋以来的大量精美雕塑,甚至保留了大量精品书画和陶瓷、玉器等文物,因此,青州博物馆对青州当地的文化活动、参观交流等有重要的作用,博物馆内的精品也经常参加国内外展览,可以说是当地文化发展的重要平台。在南张楼村建立博物馆的时候,对文化中心建设中的形式问题进行了反思,所以博物馆建成具有中国特色的造型,对建筑艺术也是一种新的认识,它具有特殊的反映社会生活、社会理想、思想观

图3-8 青州博物馆

---

① 袁祥生.一个农民的德国情缘——青州南张楼土地整理农村发展项目纪实[M].北京:中国文联出版社,2007:94.

念、价值选择、经济基础、科技水平、风俗习惯、艺术趣味和民族文化属性等方面的功能,是公共空间中的视觉艺术。在博物馆建成之初,德方认为该建筑体现了中国传统特色,但与原来规划有相悖之处(原来计划是作为休闲空间用地)。

南张楼传统文化的延续还体现在文化广场、中德合作林、雕塑、亭、建筑等方面,这些区域不仅成为历史的见证,也成为外来人或邻村人经常活动的场所。文化广场是公共空间环境改善的重要场所,包含了公共艺术的各种要素,如建筑(文化中心)、雕塑(中德合作园林、小的雕塑)、壁画(幼儿园)、公共设施(活动器材、走廊、灯具等)、民间艺术(公共文化广场成为公共活动的重要场所),它所体现的是一个示范作用,对南张楼村来说建设更多公共文化区域和公共艺术、不同规模的公共活动空间成为下一步的目标。其中问题是周围建筑之间是不协调的,文化中心是欧洲样式,医院是新中国成立以来影响重大的方盒子加帽子的样式,学校是几何化的,村民住宅是北方特色坡屋顶加四合院空间混合的空间,建筑小品利用传统的"亭"等样式,雕塑和壁画是写实造型……对抽象的艺术,农村公众并不认可,利用民间色彩和民众喜闻乐见的造型是延续传统文化的有利方式,农村公共空间环境和空间主体如博物馆、文化中心等成为承载公共艺术和传统文化的重要空间。

建筑、绘画、雕塑和公共艺术活动成为南张楼村传统文化的载体。公共艺术是伴随着公共空间的建设同步进行的,在1992年主要是改建和装备医疗站,扩建体育中心(球门、灯光设备等),开辟游玩、休息场所,其中包括河床、水面、自行车道路与人行道、桥、村庄纪念碑、打场设施(注:打场是北方地区农作物的脱粒场所),配备条件较好的幼儿园。雕塑受到青州当地魏晋以来雕塑风格的影响,如在村委会门口放置的石狮、青州衡王府保留的石狮(图3-9)、青州市内的牌坊都成为对南张楼村公共艺术有影响的景点,村内的石狮和牌坊也无疑受到当地文化遗产的影响,造型也继承传统。利用传统文化来发展乡村景观无疑是公众接受的,在关注大众文化的同时,注意对本土传统民间艺术给以足够的尊重和研究,从中汲取文化养分和朴素、独到的艺术精神,呈现出

图3-9 青州衡王府石狮

时代性和地域特色。在南张楼村,改革开放带来的变化是改变自身环境的基础,传统文化为公共艺术提供了源泉。对雕塑来说,历史形成的观念也影响其中,比如在南张楼村中学入口处的雕塑"求知"也是历史传统的反映。

青州博物馆保存的明赵秉忠的"状元卷"和明代仇英的摹本作品《清明上河图》在当地是颇具影响的作品(图3-10、图3-11),在南张楼村博物馆回廊的墙壁上,把《清明上河图》以壁画的形式表现出来,成为普通公众欣赏的对象(图3-12)。不是说只要是艺术家制作或参与的就是公共艺术,将传统文化转化为形象的东西从而和民众生活产生关系,这种可以积累的现象和思想是公共艺术的精髓。南张楼村的公共艺术离不开当地传统文化,使公众产生归属感和对当地文化的自豪感,这种通过当地传统历史文化来改变公众生活的做法,也是"城乡等值化"实验的方法之一。

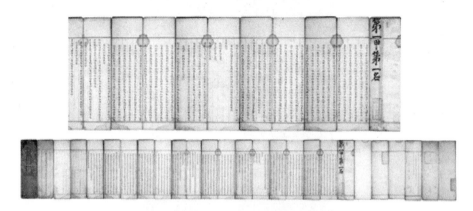

图 3-10　状元卷

赵秉忠,字季卿,明青州府益都县郑母村人,万历二十六年(1598年)殿试中,他以优异的答卷摘取了状元的桂冠,其时他年方25岁。整篇殿试卷2460字,正楷小字,书写工整,卷面干净,洋洋洒洒。

图 3-11　清明上河图

明四家之一仇英临摹,图卷画心纵33.4厘米,横840厘米。不仅摹写逼真,而且有"再创造"。它描绘了北宋时东京汴梁(今开封)的远郊、近郊以及汴河两岸、城内和宫城等地清明佳节时的情景。

图3-12 《清明上河图》中的场景成为公共壁画展示在博物馆回廊

传统景观使南张楼村村民提高了对公共环境的认识,在社区公共文化中尊重当地历史文脉,公共艺术的创作和设立应当尊重人文历史、优良的传统以及民间习俗,并与之产生必要的有机联系,使当地景观的移植基本符合村民的观点从而促进村民接受。南张楼村民对观念过于超前、和公众生活毫无联系的艺术形式处于观望的状态,甚至有的采取否定的态度。南张楼村的公共艺术所使用的工具和材料,有些甚至是对自然物质发现、选择、加工的结果,它们相对于其他自然物质,在公共艺术的表达上有着更强的表现力,这种选择是在尊重公众观念的基础上进行的,雕塑与绘画的移植正是通过当地富有表现力的材料来实现的。

民间美术作为根植于民间生活的一种艺术,通过民间活动体现出来,表现在建筑彩绘、对联、民间集会上。民间集会是通过表演、交流、装扮、服装、器具等体现民间传统的,民间美术和民间活动在"自娱"的同时也起着传承本地区传统文化的作用,而这一点又和人们基本生活的传承有着相互依存的联系。① 任何艺术都不可能脱离开创作者自身

---

① 刘道广. 中国民间美术发展史[M]. 南京:江苏美术出版社,1992:20.

生活的根基,在中国近代美术改良中既有坚持通过外来文化改造中国绘画的,也有坚持以中国传统绘画自身的规律来发展的,20世纪80年代以来中国美术的演变也说明了中国传统美术的生命力,离开最根本的中国传统,中国绘画便失去了艺术的精髓,也就失去了生命力。在一定程度上说,民族文化的特质就是以民间文化为基础,民间美术与外来文化相区别的内涵,也是一个民族文化的内涵,因此,南张楼村公共艺术具有重要的文化意义,民间文化为公共艺术的发展提供了源泉。虽然中国当代受到西方思想观念的重大影响,但是如何保留和发扬传统文化已经是大家关注的重点问题之一,如在建筑方面,包括内容和形式两个部分,维特鲁威在《建筑十书》中把坚固、实用、美观作为重要的原则,美观即形式问题。文丘里反对现代建筑的冷漠,提出不能割舍历史文脉,应利用符号唤起人们对历史的温情。当代生态、仿生、高技派、共生建筑等成为未来方向,但是在公共空间环境上要符合居民生活习惯,逐渐改进和引导人们生活。南张楼村传统文化的延续,博物馆和文化中心是重要的公共空间,民间艺术是日常活动,利用当地颇具影响的传统样式成为公共艺术(图3-13、图3-14),但是问题在于将公众在日常生

图3-13　青州石刻造像与书法雕刻

图3-14　北齐贴金彩绘思维菩萨像

活中使用的器具作为公共艺术,公众对此是否能给予足够重视,作为历史是否能对后代产生作用,是否能够激发公众对当地传统文化的热爱。公共艺术应当成为公众生活的一部分,传承当地文化并对公众生活产生影响。

城市中的文化传播是多种多样的,美术馆、博物馆、图书馆、文化广场、学校、影剧院等都是重要场所,对公众精神生活产生重要作用。"城乡等值化"实验重视对传统文化的传承与保护,在德国的农村也体现了这一建设模式,南张楼村的公共艺术体现了对传统文化的重视,博物馆、文化广场成为传承传统文化的重要场所,问题是对于这种体现乡村文化特色的公共环境和公共艺术如何建设和如何挖掘,如果出现不伦不类或急功近利的状况,将使农村公共文化建设变得无序和混乱。

二、公共艺术与南张楼公共文化

农村社区作为稳定的社会结构,公共艺术是整体视觉文化的体现,视觉文化是通过公共艺术和空间环境改变而整体出现变化的。公共艺术以图像、符号的视觉语言传达其所要表达的内容,作为一种视觉语言符号,公共艺术以形象为中心,不是可有可无地出现在公众视野里,而是必须与观众产生交流。南张楼村的视觉艺术形象往往具有一定的含义,在公共空间中作为符号表现出来,它不是纯粹的视觉艺术,而是通过视觉艺术传达相关的意思。如博物馆展示的纺织机,它既是公共艺术,也是一段生活和一段历史。视觉文化的选择、传播等都受到外部因素的影响,如社会意识形态、政治倾向、伦理道德以及价值取向等,在南张楼也是如此,如在幼儿园墙壁上的德文(图3-15),可能大家看不懂,但是让人不可避免地想到南张楼与德国之间的关系,从南张楼视觉形象的改变想到德国的"城乡等值化"实验。公共艺术也是视觉艺术的表现,通过视觉表达一种想法,是连接历史和当代生活的一种艺术。21世纪视觉文化时代使视觉艺术的概念和价值等范式产生了

图 3-15 南张楼公共环境中的不同视觉文化

变革,也使得公共艺术的范围在扩展,走向了视觉艺术的"大美术"方向。① 因此,公共艺术是跨学科的研究领域,视觉文化的目的是强调图像文化传播的社会功能,艺术史的研究认为视觉文化研究的主要任务之一是剖析视觉图像,理解图像的"语法",进而避免图像带来的误读。② 从视觉文化、大美术的角度来研究南张楼社区公共艺术的图像语言具有重要意义。

公共空间、视觉文化与农村公共文化的概念在不同学科中的含义是不同的,因为不同专业的研究视野、研究方向和关注点不同。社会学所关注的公共文化所涵盖的是一个社会的有机体,存在各种不同的交往活动,当这些社会关联具有某种公共性并相对固定下来的时候,便构成了社会学意义上的公共空间。因此,农村社区的公共空间

---

① 钟虹滨.视觉文化与美术教育范式的转变[J].中国美术教育,2006(6).
② 尼古拉斯·米尔左夫.视觉文化导论[M].倪伟,译.南京:江苏人民出版社,2006:11.

有的是自发的,有的是人为形成的。社会交往形成了在空间上的区别,这种公共空间由于在人的交往和人员组成上的不同,形成了公共空间中大小、组成、构件的不同。在1973年德国的不莱梅明确提出公共空间艺术以来,公共艺术这个概念逐渐被大家所认同,明确了公共艺术是放置在公共场所的艺术作品。公共艺术作品是放置在公共空间之中的,那么我们就必须要关注这些问题:放置公共艺术作品的场所和周围环境是什么样的关系,作为社会学、建筑学的公共空间和美术学所研究的公共空间有什么不同,放置艺术作品的公共空间有什么特征,空间包含什么环境要素。公共艺术作品的内在因素,它本身的形式、结构、风格和特点,受众群体应在社会环境中认识。自20世纪70年代开始,公众地位在艺术界倍受重视,公众在艺术活动中也不是一再被动而是积极参与,公共艺术已经超越了传统意义上的艺术范畴,而且成为一种环境设计,主旨不再只是表彰名人,而是更接近平民百姓。① 好的公共艺术项目为当地树立了良好的人文精神空间形象,重视公共文化是社区人文精神的体现,在南张楼,经过村庄革新改造,村容村貌发生了巨大变化,改变了村庄贫穷、封闭、落后的面貌,由于取得了令人瞩目的成绩,目前德方在青州市设立了土地整理推广中心,向全国推广南张楼的经验。② 南张楼村视觉文化作为一个整体,树立当地人文景观的精神空间,整体的改变是视觉文化的改变,它同时受到两个方面的影响:现代文化的传播,居民的公共文化观念。

  现代文化在南张楼村的传播带来的是公共生活的转变,体现在公共艺术上反映的是与传统思想不同的价值观,传统公共空间与公共艺术以宗教和伦理观念为主导,如宗祠中的艺术形象带有明显的宗族观念和儒家思想。与固有的传统意识比较,现代文化观念中的公共空间以公共交流为目的,公共艺术是空间中引导大众生活的视觉

---

① 潘耀昌.外国美术简史[M].上海:上海人民美术出版社,2006:188.
② 根据2006年11月26日中央电视台《面对面》节目主持人王志对袁祥生专访的录像资料整理。录像资料提供者:南张楼村长袁祥生。

形象,它不同于传统的公共空间与公共艺术。南张楼社区公共艺术对公众的引导是从宗族到公共的转变,一方面是靠政治体制,另一方面是靠公众的自觉。公共艺术的内涵核心是公共性,是公共权益和公共分享。现代文化的传播属于公共领域的事业而不是个人的决策,南张楼村公共艺术体现的不是风格、流派,而是现代文化和村民之间的互动,它不能脱离村民的实际生活,体现的是具有开放性的、民主的、共享的精神文化。公共空间的开放性和公共话语的表达随着时代发展而演变,通过现代文化的传播,相应的公共空间与公共领域随之发生变化。

南张楼社区公共艺术的现代文化观念受到外来文化的影响,并且结合当地文化创造地方特色。文化中心、文化广场、博物馆等公共空间是文化表达的空间,公共艺术正是在公共开放空间中进行的艺术创作,现代文化所传播的正是以公共领域为基础、以公共参与为机制、以视觉文化为手段、以公共艺术为引导的新的社会结构。当代南张楼村的公共文化活动不同于封建社会的文化活动,它在整个中国社会变革的大背景下,由于经济变革和商业文化的介入而改变了人们的交往方式,改变了人们对待村庄视觉形象的态度,求变、求新与不断接受新的生活理念是每一个村民所要求的。在南张楼村,公共艺术的作用体现在自律和他律上,自律是个人符合社会规范,他律是社会规范对个人的约束,公共艺术也传播这种理念。建筑的基本功能是居住,南张楼村的建筑是经过历史发展演变而来的,现代材料和结构改变了建造技术,生活方式改变了空间结构,装饰也由民间审美向商业性转变,这种演变是艺术与技术的演变。在实施"城乡等值化"之前,民间艺术家与集体观念占主导,装饰与实用性被放在首位,上升到意识形态则成为上层建筑,远离了艺术的基础,1988年以来更注重其在村民之间的作用,因此,现代文化的传播改变了艺术与居民之间的关系。现代文化是与传统文化和传统生活不同的理念,以产业链和信息化为主要特征,与传统封闭和孤立的农村文化不同,工业化生产和消费文化使得农村从自给自足的小农经济转变为商业化社会,民间艺术家和匠人传承的民间艺术受到巨大冲击,建筑上的雕塑和民间绘画大量采用工业化生产的产品,使得个性特色消失,出现更加统一的风格。视觉文化统一化是当代农村面临的重要问题,尤其是年轻一代更快地接受外来文化和商业文化,传统技艺和区别于其他地域的特色文化逐渐消失,在南张楼,视觉文化趋同化同样存在,关键是如何挖掘和保护。

对于农村社区的建设,在不同时期有不同的理解,尤其农村的公共空间与公共艺术更是具有地域化特色。在进入阶级社会前主要是经验性的营造,当代公共空间与视觉艺术更多的是从交叉学科角度来进行综合研究的,从艺术学的角度出发,综合了艺术学、建筑学和社会学才能更好地来把握村落公共空间与视觉艺术的渊源与发展脉络,更好地进行综合性研究。德国哲学家、社会学家哈贝马斯认为公共领域是国家和社会之间的公共空间,它建立在自由发表意见和相互平等对话的基础上,是"政治权利之外作为民主政治基本条件的公民自由讨论公共事务、参与政治"的活动空间。哈贝马斯强调在这种不受各种外界因素侵扰的自由空间里,大众可以不受约束地在这个领域自由发表自己的言论,市民之间可以进行以阅读为中介、以交流为中心的公共交往。从哈贝马斯的"公共领域理论"中,我们可以得出这样一个结论:农村公共空间具有公共领域的某些精神要素,又具有自己的特质,它所要实现的目的是体现农村社会的公共价值和公共精神,反映出当今社会的民主意识和多元化的公众自觉精神。由此可见,农村公共空间并不单是一个拥有固定边界的实体空间,它同时也是一个被附加了许多外在属性的文化范畴。南张楼村的公共文化受到历史环境的影响,1966年袁祥生带头"破四旧",明清建筑铁胡同就毁坏在1966年,村里的"万善同归"大钟不翼而飞。南张楼民俗博物馆建成,古香古色的民俗博物馆记录了村子的发展历史和变迁,赛德尔基金会一位负责人说:"它像使人有了根,一个可以触摸的历史之根。"①所以,公共文化观念需要一定的

---

① 袁祥生.一个农民的德国情缘——青州南张楼土地整理农村发展项目纪实[M].北京:中国文联出版社,2007:2.

载体来传承,而公共艺术是方式之一,文化中心这座建筑在德国专家看来简直就是建筑垃圾,他们心目中的村容村貌与袁祥生的想法截然不同。南张楼村民主张都盖成楼房,德方坚持盖成北京四合院式的平房,认为楼房适合城市居民居住,农村有农村的特点,四合院比较方便。另外,德方对墙上贴瓷砖最反感,建议把瓷砖弄到内部去,不要贴在外墙上,卫生间贴瓷砖可以。① "面子"问题成为现代与传统文化观念的冲突。在南张楼村,公共艺术与公共文化涉及的范围很广,公共文化通过公共艺术与公共生活联系在一起,公共艺术与公共生活建立在现代文化不断发展的基础上,公众共享的艺术与生活必需品的生产有关,因为艺术生产与技术有关,社会习俗需要艺术品,生产方式和物质质量决定着艺术品的质量,并在某种程度上决定着装饰图案、功能和公共心理。不论公众是否承认公共艺术在生活中的作用,公共艺术在公众生活中都扮演着重要的角色,人们也期望有更多的闲暇空间,改善休闲和娱乐设施,不仅增加了生活空间吸引力,而且成为一个软环境。公共文化的转变为现代文化的传播提供了契机,年轻人更容易接受外来文化,使代代相传的思想转变有了更好的机会。"城乡等值化"合作项目使村民医疗、文化、娱乐条件发生了根本的变化,文化中心、文化广场先后落成,活跃了农民的文化生活,使得农民在劳动之余有了休闲娱乐的好去处,民俗博物馆的建成,增进了村民及子孙后代对过去生活的认识,对未来生活充满向往。② 公共文化观念影响到公共艺术与公众生活的转变。

南张楼村公共文化出现的转变在社会大背景下出现变化,同时也与"城乡等值化"实验有关系。从原来难以看到外面的世界到主动接受外来文化,建筑样式由原来代代相传到接受不同造型和模式化的技术构件,保护传统文化和形成地域特色。壁画、雕塑既是教育手段又是环境要素,民间美术与公共设施成为转变公共文化观念和生活的手段。

---

① 根据2006年11月26日中央电视台《面对面》节目主持人王志对袁祥生专访的录像资料整理。录像资料提供者:南张楼村长袁祥生。

② 袁祥生.一个农民的德国情缘——青州南张楼土地整理农村发展项目纪实[M].北京:中国文联出版社,2007:98-99.

这种转变受到历史文化转变的影响。首先是来自国内的潮流,而国内这种理念的变化也受到国外思潮的影响,在现代理念中形成的包豪斯风格,确立以建筑为核心的室内外公共环境总体理念,其中雕塑、壁画以建设公共空间环境为核心,家具等的样式也随着主要的风格来统一制作,在工艺美术运动中反对机器生产的艺术,转而以手工业为主要手段,壁毯设计、建筑及相关产品成为重要作品。在中国古代美术发展中工业生产较少介入艺术生产中,艺术家在思想、观念和对待环境理念方面占主导作用。南张楼村公共艺术体现了农村公共艺术的特色文化,其中公众思想观念是内在因素(图3-16),而现代商业文化的传播和工业化生产是外在因素。

图 3-16　博物馆中的壁画与传统生活器具
生活用品展示的是历史记忆,后面墙壁上的壁画传达的是"孝"的道德观念

南张楼村公共文化的转变与现代文化的传播密不可分,与公众文化观念是继承与发展的关系,南张楼村公共文化影响的是公众对美好生活的向往。公共文化观念的转变与公共领域和公共性联系在一起,这种公共与公共传播和内、外文化之间的交流联系在一起,如果

没有对外来文化、现代文化的认识,南张楼公共文化观念只是停留在小农意识层面,关键在于南张楼村公共文化通过现代文化的传播改变了人们对传统文化的认识,把现代文化和公共文化建设相结合,重塑乡村景观。

三、南张楼公共艺术的作用

公共艺术在公众生活中起到潜移默化的作用。建筑整体的改变是接受外来文化的反映,博物馆承载的是历史,民间美术是日常审美的逐渐变化,在潜移默化的影响中,公共艺术在其中扮演重要角色,作用之一是使公众对如何建设公共空间环境有新的认识。正如袁祥生所说:"在德国主要是环境好,生活基础设施好,可以说一个村就是一个花园、一个景点,村民建筑墙上的图画,都很有特点。再一个就是人家的农村教育和我们的农村教育有很大差别……我第一次去看的时候,我们那个黑屋子、土台子差得太远了。"[①]正因为认识到建设方面的差距,所以在接受新的公共空间环境和教育公众方面有更深刻的认识,民间传统文化、历史和现实的碰撞使得公共艺术得到很好的发展。从审美情趣方面看,公共艺术体现着普通人的审美,体现着润物细无声的作用。南张楼村公共艺术潜移默化的影响首先来自村民的认识,村民出国打工,在生活理念和消费方式上产生了很大的不同。最近几年南张楼村民出国的特别多,出国者认为出国不是一件很难的事情,与人交往的心理有很大转变。南张楼村环境卫生比别的村好和这个有很大关系,还有,外面的人到村里多了,村民会不自觉地注意自己的行为,在文明建设方面有很大作用。[②]对于公共艺术对环境的作用,居民是亲身感受到的,体现在思想、观念、环境和理念上,居民不自觉地形成一种共识,就是公共

---

① 根据2006年11月26日中央电视台《面对面》节目人王志对袁祥生专访的录像资料整理。录像资料提供者:南张楼村长袁祥生。

② 根据2008年11月20日笔者对南张楼村村委会主任袁祥生访问整理。录音整理:朱珠。

艺术建设有着必要性,公共环境的重要性逐渐成为一种必不可少的自觉认同的心理。

潜移默化的影响还体现在村民反思自身的生活环境,体现在对外来文化的接受上。南张楼村的公共空间环境依赖于村民的自觉程度,南张楼村委会的组织与管理调动了全体村民的积极性,城乡等值化让农民也享受到了改革开放的文化成果,包括与城市同等的精神生活,虽然还不尽人意,但发展趋势是向上的。通过建设,公共文化促使居民对公共艺术提出更高的要求,不满足当前已经建成的公共艺术,对以后的公共空间环境有更高的要求和愿望,希望有更多的副中心。对文化传统的保护在南张楼村起到更多的作用,公共空间鼓励居民在社会生活中发挥更重要的作用,特别是对个人更具有约束力,个人的行为符合总体利益,教育公众注意环境美、语言美。"城乡等值化"实验对公众生活方面的影响也是逐渐发展的,涉及生活的各个方面。袁祥生认为国外值得借鉴的地方还有很多,虽然现在观念有很大变化,但是仍有很大差距,如传统文化的挖掘不够深入,德国对农村传统文化保护比较好,如每家每户都有小博物馆,南张楼村由于资金有限、土地有限,单纯依靠村里的力量来建设博物馆、保留传统文化很难。① 德国公共艺术建设对南张楼村的借鉴作用非常大,文化广场、博物馆、壁画、雕塑、建筑及公共文化等都体现着农村公共艺术的内容和特色,文化精神生活不同但价值等同的做法值得深入实施,但是村里边缘地区还没有彻底发生改变。从这个方面来分析,公共艺术正是通过提升生活质量来影响生活的,这个合作项目推动了农民思想观念的更新,推动了南张楼村的改革开放,从20世纪90年代初到今天,南张楼村已经有近500名青年在国外留学、读书、打工,他们在国外长了见识,赚了钱,回来便能推动农村建设。②这种思想观念的转变与最初的构想有很大差距,村庄革新中

---

① 根据2008年11月20日笔者对南张楼村村委会主任袁崇永的访问整理。录音整理:朱珠。
② 袁祥生.努力打造世界的"南张楼"——中德合作"南张楼土地整理、村庄革新"项目20年[Z],2008.

以工业带动经济发展的道路与实施初衷相违背,初衷是公众生活的改变要依赖环境教育,重视村庄居民的精神生活,形成田园牧歌式的中国农村典范。而现实情况是公众生活的改变受外出务工开阔眼界的重大影响。

进入21世纪以来,打破城乡二元结构对农村发展非常重要,问题是如何使得农村村民能够共享改革成果,如何让公共艺术进入农村社区公众生活,并对公众产生积极的影响。当前,在流动性越来越大的现代社会里,农村地区的家乡观念、安全感、归属感和社会集体感意义越来越重大,这也是决定农村生活质量高低的重要因素。[①] 南张楼村提供了以公共空间环境与公共艺术逐渐转变居民生活的模式,就南张楼村村民生活来分析,与观念转变同步、具有引导作用的公共艺术,它的动机在于使观众看来并不在意的物品,深植于大众的意识,并通过群众的行动反映出来,体现公共艺术的作用。艺术改变生活,艺术即生活,南张楼村就是一个很好的例证。南张楼村老村长袁祥生说,他在与巴伐利亚合作的20年里学到的最重要的一点,不是资金设备,不是方式方法,而是观念转变,用英语说叫"change of mind"。这句话实在太棒了,因为它也是德赛尔基金会的宗旨,就是教会人们转变观念,巴伐利亚的成功秘诀也在于此。

四、南张楼公共艺术的审美功能

审美功能是公共艺术的功能之一,在南张楼村,公共艺术的审美功能涉及传统文化、传统艺术和外来艺术的融合与接受的问题。对传统艺术的认识、生活状态与公共艺术的关系,不断唤起人们对公共艺术重新判断的能力,不断提出新的想法,改变不能适应新发展需要的艺术。

---

① 艾米丽亚·米勒.我们未来如何继续相互学习并从中受益[C]//山东省和巴伐利亚州双边学术研讨会致辞讲话[R],2007:165.

空间环境的审美判断在南张楼村与公众生活联系在一起,既是对历史文化、社会归属感的反映,也是对自身生活的反思,个人自我判断只有在群体判断中,在继承历史价值体系下,在公共艺术评判中,才能培养大众追求美的冲动。"城乡等值化"实验中,个人的价值判断是建立在公众认可的总体价值判断的基础上的,农村公共空间审美与审美的公共空间正是公共领域、公共精神和自觉精神的体现,自觉精神是价值判断对传统与现代文化的认识,公共艺术也起到"恶以戒世,善以示后"的作用。心理学家图尔曼认为艺术要首先表现社会的爱恨情仇,是传达道德理念的手段,实用性和审美结合在一起,如果脱离艺术的根本,只能是一种纯粹的说教,大众难以评头论足,如南张楼村壁画内容来自于民间生活,以传统故事传达美德善举,对于后代有教育作用,传承着传统审美和传统观念。"忠""孝"是表达的主题,是社会观念的表达,对画面的审美是在品评技术与传达思想的基础上进行的评价,是对美与不美的评价,也就是说南张楼村民的审美评价是对公共艺术的观看、倾听和阅读,而不是指对它们的再创造,这涉及的是观众如何看和如何评价的问题。审美是村民对公共艺术的画面和图像的评价,这种特殊的心理在南张楼村基于生活和传统观念,保持传承伦理道德,传达着对目前和未来的看法。以大美术的角度和观点而言,艺术即审美,审美即艺术,艺术价值即审美价值,二者都是人类按照美的规律进行的自由、有意识的创造活动。① 在农村,群众认为美的造型应该是朴素的,对公共艺术的审美是基于对生活的某种反映。

公共空间环境和公共艺术的审美作用是引导公众看待传统艺术与现代形式,对环境要素的建筑、雕塑等公共艺术做出恰当评判。一方面它强调村民的作用,公众是审视和评价的主体;另一方面强调公共艺术的历史性,注重如何创造适应当代生活的公共艺术作品。时代变化带来不同年龄者对公共艺术的不同看法,一些传统艺术承载的伦理道德,年轻人并不认可,认为过于强调传统儒家文化,束缚了创造力,新的生

---

① 刑瞳寰.艺术掌握论[M].北京:中国青年出版社,1996:284.

活使公共艺术更具有商业化特点。审美空间强调空间的整体性环境评价，南张楼功能分区、建筑、雕塑、绘画、民间美术分布在不同功能区，村庄革新整体环境变化也是视觉艺术的变化。空间审美是基于对事物整体性的认识做出的判断、分析、评价。在南张楼村，按照村庄规划保留具有民族风格的平房构想没有被接受，建造二层宽敞楼房的设想占大多数（但是只有富裕的村民有能力建造），村民们无法设想出具有传统风格却又有现代模式的平房。南张楼群众审美的局限性使改变其环境状况充满困难，原因在于缺乏相关比较，认为祖辈就是这样，只要接受就可以了。建筑的空间审美体现在建筑形式上，从传统建筑到模仿欧洲建筑、几何化建筑这种演变形成整体空间审美，这种变化是逐渐发生的，并非具有突变性。南张楼文化功能区作为一个整体，逐步建成学校、福利院、运动及游乐场所和卫生所、幼儿园、敬老院等娱乐、福利服务中心，公共环境景观中强调绿化和环境保护，如改造村南头的低洼地，建成面积5公顷的草坪绿地，在村内的道路两侧、庭院周围建立花坛，发动居民美化庭院，扩大绿化的覆盖率，1993年村内绿化覆盖率达到30%以上，2000年达到40%以上。① "城乡等值化"实验通过空间环境的变化达到改善公众生活的目的，针对的是整体公众的需求，而村民个性化需要是很难达到的，如喜欢跳舞的在晚上要有灯光，喜欢遛鸟的要有一个僻静的地方，只能是对大多数人的需要进行建设。公共性是公众审美的基础，公共艺术对空间审美的作用通过整体来实现，公共活动区域首先是教育区，其次是文化中心和博物馆。提高公众审美对现有公共艺术的评价，难点在于群众对自身生活范围的历史传统有一定的了解，而对自身生活范围之外的发展状况几乎一无所知，对不同国家、不同民族的农村社区发展和历史状况则更缺乏了解，传统艺术只是经验性的，甚至是口头的，难以对其自身环境和未来发展做出正确的价值判断，这本身是农民文化素质局限性造成的。

公共艺术的审美、历史传统的延续随着时代的变化连续性发展，它

---

① 资料来源：青州市档案馆。

们之间不能断裂。公共艺术不是季节性产品,也不是短暂的艺术表现,它应该是纯粹的人文艺术表达,这份人文关怀也是地方文化表达,这种地方文化连接传统,一旦形成像南张楼村这样具有稳定社会结构的社区,就会形成固定的模式,建筑、雕塑、绘画和民间艺术活动成为表达文化观念的内容。公共艺术的审美受到人文化素质和眼界的局限,作为一种文化现象或与社会直接发生关系的作品,与地理、历史背景、时代特性之间必然存在密切的联系,并且相互影响。公共艺术在审美中的根本作用,就是能够为大众提供一个美的空间意识,从中有所体验、有所积累。认识自身环境、通过公共艺术认识历史与现在是审美的基本作用,对于未来前瞻性的认识是对公众的启发,激发公众更好地认识外面的世界,认识到其生活环境与公共艺术连接的紧密性,从而促进艺术与社会之间的良性发展。

公共艺术审美是认识、了解、融合艺术与生活之间的关系。公共艺术审美具有主体性特点,主要体现大众是评判的主体,其接受与否并非个人意愿,具有明确的目的性特点,如南张楼壁画就有传播儒家思想的功能,在农村社区的公共艺术要具有明确的形象性特点,讲故事要有具体的事例,失去形象,大众难以对公共艺术进行实际性评价,要具有和大众之间情感联系的特点,激发大众的情感认识,公共艺术品的介入能起到这样的作用。在"城乡等值化"实验中,基本要求是根据分区合理、布局紧凑的要求,整体规划住宅和单体造型,打破排列式和并联式的呆板模式,既突出地方特色,又注重新颖,体现自然美。[①] 南张楼内、外环境的整体改变是审美认识的基础,不仅根据自己的生活来衡量社区的价值,也注重所谓的软环境因素,保持一个清洁、优美的环境,保护、发展自然景观和公共文化,保持南张楼村乡村的特点。在赛德尔基金会看来,纯正的乡村文化同样是应该保护的重要资源,村落在城市问世之前早已存在,村庄文化因此比城市文化历史更为悠久,比城市的商品文化更发自人们的内心,与大城市中互不相干的匿名生活形成鲜明的对

---

① 资料来源:青州市档案馆。

比,乡村空间美的因素已经从经济生活的发展中被放到次要位置。南张楼村是在做没有特点的特点,没有特点是在南张楼村委会、公众和赛德尔基金会看来,它本身就没有什么优势,选择南张楼也是因为这个原因,做出特点是经过建设,村庄的整体视觉文化的改变突出了北方平原农村的面貌。乡村与城市相比,特色本来是鲜明的,乡村空间本来处于美好的环境之中,但是对城市环境的模仿使乡村失去了空间原来的美。社会变革带来的现实是经济大潮使人们更加匆忙,尤其是年轻一代更加注重娱乐化。视觉文化的改变与公共艺术在于引导精神生活,从而引发积极向上的思想,审美不是刻意的,而是通过公众对自身环境的认识并通过时间的演变发展而形成的。

南张楼村的审美形式,与其说是艺术问题、审美问题、技术问题,不如说是一个社会问题。从根本上说,公共艺术是一部分拥有权力的人对广大公众的一种给定、一种赋予、一种灌输,是社会精英秉承权力意志制造趣味、强行推行趣味,从而使这种趣味被公众接受的过程。① 南张楼村公共权力意志对公众的影响是相对的,公共空间的建设权力意志是自上而下的反映,主体是公众,村民密切的联系纽带使得公共艺术必须符合公众的审美趣味,在乡村社会,公众具有一定的自主权,对于是否接受、怎样接受,公众有权做出选择,这使得公众审美在空间环境中处于主动位置。公共艺术对空间的占有、围合或点缀,其形态可以是群体性或单体性的,任何形式的设施作为公共艺术都是与公众生活紧密联系在一起的,如果具有审美能力和评价判断,实际上就是一种艺术消费,作为艺术消费的艺术欣赏,其心理基础仍然是人类情感自我实现的需求与想象的思维动力。村民的精神需求与交流促进公共空间的环境建设,是通过"熟人社会"中情感互动进行的创造性想象活动,与社会问题相联系的审美,涉及两个方面:一方面是公众的审美观念,群众审美观念决定是否接受公共艺术的形式,如果脱离公众这个基础,公共艺

---

① 鲁虹,孙振华.艺术与社会——26位著名批评家谈中国当代艺术转向[M].长沙:湖南美术出版社,2005:229.

术就成为空中楼阁;另一方面是如何通过公共艺术引导公众审美,这个方面涉及对公众审美能力的培养。公共艺术在南张楼村的实践过程,受到传统和当代社会意识形态的影响,公共空间环境对公共活动实际上产生一定的制约作用,这种制约作用表现在个人要符合社会大众的趣味,公共艺术要符合大多数人的欣赏眼光,反过来形成对公共艺术的看法,这种看法通过美的形式感染村民。公共艺术作为一种特殊的艺术生产,在南张楼村并不是自由的创造,因为它的形式美感要符合大众的想法,审美变化在现有艺术的基础上进行再创造,它与城市公共艺术不同的是城市公共艺术更自由,形式美感更加多样。在农村社区,民间匠人利用当地材料制作符合当地审美的公共艺术,当然也具有创造性,但这种创造是综合了大众的观点形成的,而不是个人性的。南张楼公共艺术虽然融合了商业制作的特点,但是离不开村民对公共艺术的看法,如南张楼村入口的牌楼并非使用传统匠人常用的卯榫结构,而是预制构件,但是形式上离不开村民对牌楼的看法(图3-17)。公共空间的开放性对公众产生影响,公共艺术作为公共空间中的艺术存在具有强

图 3-17　南张楼村入口牌楼

烈的开放性,它包括两方面含义:一是由特定的空间(路边、广场、公园等)所决定的形体和视觉上的开放性,必须与公众产生交流;二是由人群的流动与聚散决定能包容不同审美情趣的开放性,这里的"人群"不仅包含南张楼村民,也包括邻村和到南张楼的人们,不同的观点也不可避免地影响村民的审美意识。这种特定空间是公共活动的场所,对于不同年龄、性别的人群产生的效果是不同的,是延续性的反应。

公共艺术审美是社会性问题,涉及公众素质和文化观念,是一个多学科交叉融合的问题。如何引导和提高公众文化素质成为关键因素,南张楼村公共艺术是随着公众生活的转变而转变的,通过对精英艺术的模仿来实现,审美作为一种动力和最终改善的目标之一对公共空间环境产生积极的影响。

五、公共艺术在南张楼的社会作用

公共艺术作用包含诸多方面,公共艺术与公众互动并产生相应的社会效应是公共艺术发挥作用的前提。公共艺术作品启发人的感情,培养人在社会生活中的态度,从这个意义上说,公共艺术的社会组织作用成为一个重要的功能。公共艺术的社会作用反映一定的社会现象,通过公共艺术反映一定的社会现实和社会问题。例如在20世纪80年代,首都机场壁画引发关于社会问题的讨论,它的社会作用是对人们固守陈旧观念的挑战,人体出现在公众视野,被认为是伤风败俗的作品。再有如杭州"美人凤"作为公共雕塑,在设计、审批、制作过程中由于少了公众的参与,出现对这件雕塑作品的热烈讨论。这些都涉及公共艺术作品与社会之间的关系问题。公共艺术在20世纪80年代有了比较完整的界定:它是一种不仅塑造、美化环境而且具有社会功能的艺术。① 构成公共艺术概念的几个具有普遍意义的要素,如:艺术作品置于公共空间为社会公众开放并被其享用,艺术作品具有普遍意义上的公共精神和社会公益性质,艺术创作的提案、审议、修改、制作及设立等实施过程应由社会公众及其代表共同参与和民主决策,由社会公共资金支付的公共艺术项目的取舍、变动及其资产的享有权利从属于社会公众等。② 美国纽约福利广场的"倾斜的弧形"因为公众对作品的不满而被移走。艺术要成为艺术的话,它必须是生活的一部分,这种生活本身就是相对固定的生活态度,它包括社会制度、物质和精神文化、道德、公众的需要、个人的行为以及它在社会群体中的反映,由此产生艺术作品设立的过程和制度。在农村社区,目前没有公共艺术确立的明确程序,往往只是以政府、艺术家为主导,公众在前期的过程中参与甚少,南张楼村公共艺术的社会功能是公共性问题,如目前要求必须设立文化大院,由设计院设计农村住宅,由群众来选择。自发性改变因受到群众自身素质限制而相对困难,这也是中国当代农村社区公共艺术与公众难以出现共鸣而公众只能被动接受的原因,农村社区的公共艺术生产程序化了,而它是一个动态的过程,艺术价值的实现,艺术生产的生产资料、对象和生产主体、消费等环节,在农村社区缺少了创造性劳动。公共艺术最终以公众的评价为重要标准,作为一种特殊的消费,农村社区公共艺术重要的制作者民间艺术家由于熟悉并了解公众的基本需求,在制作及设立过程中不自觉地会考虑到作品在公众中的反应,其社会化程度相对较高。"第3条道路"③强调社会的平等、强调就业和教育方面的公平,公民价值是公共艺术的基础和前提,公共艺术缺少了公共性,其社会化程度就无从谈起。

公共艺术在农村社区与公众是紧密联系、相互依存的关系,一方

---

① 崔松涛.公共空间与公共艺术[J].绥化学院学报,2007(5).
② 翁剑青.公共艺术的观念与取向[M].北京:北京大学出版社,2002:16.
③ 英国伦敦经济学院院长安东尼·吉登斯的著作奠定了第三条道路的理论基础,该著作即1998年出版的《第三条道路:社会民主主义的复兴》,社会平等是第三条道路的核心价值观,就业公平与教育公平被视为关乎社会平等的最重要因素。

面,从社会生活中来,在社会生活和传统中得到源泉,反映一定的社会现象和社会问题;另一方面,社会又影响公共艺术的建设。乡村自治社会主要以"熟人社会"为基础,整体的社会文化是除农村之外的社会价值体系,公共艺术起到引导的作用,体现了对社会的关怀,乡村文化是代代传承的。实际上,不论是城市还是乡村,公共艺术的社会属性往往打破这种界限,互相促进、引导公众,内容与形式并不是关键问题,关键问题是公共艺术所传达的思想是什么。将公共艺术的作用放在社会关怀中,它与社会之间的关系是不可分割的,除了承担原有的美育、陶冶人性、干预社会等职责之外,公共艺术还与社会的整体文化相联系,在当代农村社区中与公共事业建立密切的联系是公共艺术社会作用的体现。而在南张楼村,公共艺术与公共事业的紧密联系,使公众交流得到一定的场所,公共艺术得到广大村民认可,文化中心起到关键的引导作用,群众对传统艺术和新鲜事物的接受度提高,村民住宅的装饰与文化中心趋同。南张楼村博物馆模仿青州博物馆造型,青州博物馆仇英的《清明上河图》被搬到博物馆的墙壁上,可以看出地方文化艺术对南张楼公共艺术的影响,利用壁画传播传统思想对公众产生的教育也影响至深,博物馆的公共展示从另一个侧面展示了历史生活(图3-18)。社会现实与公共艺术的内容相联系,并非纯粹的形式美感,公共空间环境建设和公共艺术与社会问题相联系是公共艺术在南张楼村社会生活中所起到的作用。公共艺术与社会之间是连锁反应的关系,一方的变化会对另一方提出新的要求,如村民要求更新、更具美感的公共艺术,那么公共艺术也相应改变;同样,公共艺术的前瞻性也要求村民不自觉地面对未来的变化。① 因此,南张楼村公共艺术可以说是一个从无到有逐渐发展的过程,这个过程是伴随着项目的推进逐渐建设的,依赖于整个社会环境的发展和南张楼村的经济发展,虽然作为传统的公共空间与公共艺术不自觉地存在,但是设立新的理念是自"城乡等值化"项目开始的。在袁崇永看来,按照规划,德国人的理念能够改变公众,农民没

---

① 引自笔者2008年11月20日对南张楼村村委会主任袁崇永的访问。录音整理人:朱珠。

图3-18 生活用品
传统织机从20世纪90年代以来在农村也基本不用了,展出是为了让下一代了解它在先辈中的作用。

有必要跑到城市里去,城市里工作难找,生活费用高。南张楼在青州市工业总产值排第3,人均收入能达到1万元(2008年),群众期望国家稳定发展,期望人民的生活更富有。因此,南张楼村公共艺术的重要特点是与社会发展的转变共同发展。

雕塑、壁画也体现了公共艺术与社会紧密相连的关系,体现了社会发展对公共艺术的进一步要求和公共艺术对公众的引导作用,也是对社会问题的反思过程。艺术作品往往走在社会的前面,如首都机场壁画产生的社会影响,在改革开放之后,在当时认为并不适宜的艺术作品对公众产生的影响是巨大的。在南张楼村,中德双方认为应该加大公共空间环境的建设,然而南张楼村在项目开始实施的时候,没有认识到它的重要性,社会政治的影响大于公共艺术,这是一个失误,公民对公共艺术的参与真正体现了公共艺术的社会功能。

公共艺术在南张楼村的社会作用,还体现在它成为联系居民生活的纽带,主要是公共空间环境的建设,改变遗留的许多社会问题,这是公共交流和公共文化活动、公共参与村事务带来的变化。由于有了公众的交流,村内文明程度相对邻村来说要好得多,经过多年的努力,南张楼村古旧、混乱、荒湾(当地方言,即闲置的自然水塘)众多、垃圾遍地的落后状况彻底改观,如今的南张楼村大街小巷地面全部实现柏油硬化,居民住宅整齐划一,公共设施配套齐全。像古希腊时期的"阳光广场"①一样,公众在一定的范围内对事物的认识有了一定的提升,公共空间环境从自然形成到有意识建设,体现的是公共文化的传播,成为联系村民最重要的空间。所以,谈到合作项目,村民们特意编了一段口耳相传的顺口溜,盛赞了合作项目给村庄带来的翻天覆地的变化:

> 合作项目真是棒,
> 俺村十年大变样。
> 赛德尔基金会,
> 为俺村民办实事。
> 多方资助真不少,
> 多亏项目合作好。
> 但愿项目大发展,
> 幸福日子千万年。②

公共空间环境与经济发展的联系十分密切,在"城乡等值化"实验中,保护和促进农村文化是农村发展的头等大事,文化活动形式多样,村民不会轻易离开他们所熟悉的集体,尽管农村生活在物质上有不足

---

① 温克尔曼说:"希腊人从很早便开始运用艺术来描绘人的形象以纪念,这一途径对任何一个希腊人都是敞开的。""阳光广场"是对古希腊城邦式公共性的描述在阳光下、在广场上公开讨论和交流对于公共事物的意见,在此基础上出现了希腊式的前公共艺术。引自:孙振华. 从阳光广场到"后现代"——公共艺术的来龙去脉[J]. 雕塑,2003(1).

② 袁祥生. 一个农民的德国情缘——青州南张楼土地整理农村发展项目纪实[M]. 北京:中国文联出版社,2007:99.

之处。① 这种以人文精神带动经济发展的模式,在南张楼村更具有前瞻性,形成了以地域文化为主的乡村生活,这种乡村文化得以延续发展有赖于公共活动和公共艺术的发展,尽管居民对此认识并不深刻。

南张楼村公共艺术和公共文化还有辐射社会的作用,文化中心、博物馆、公共活动中心都是重要的公众视觉景观。文化中心不仅是南张楼村村民的活动空间,外村也常有村民特别是老同志到这里来活动交流。② 由此可见,南张楼村公共空间环境和公共艺术的社会影响及社会效益通过理念的传播发挥作用,成为更广的联系纽带。公共艺术、公共活动和公共文化观念所营造的社区环境有助于社会风范的树立和推广,从而获得更大的社会效益,由此产生的社会效益是对公众历史文化观念的延续,是对当代公共艺术的接受和改变生活状况的反思。

历史传统文化也是联系公众的纽带,南张楼村公共空间环境在公共艺术上是以民间传统艺术和外来艺术相结合的,民间美术的重点之一在建筑的构件上,从形式来看重点在门楼的造型和绘画上,一方面体现民间审美,另一方面对公众视觉文化产生一定的影响。在土地整理过程中,留足公共设施用地并做到功能分区,保护好农村文化和古树、古建筑,对历史的和有文化价值的东西加以保护,反思几次运动对农村文化的严重破坏。由于历史原因造成的破坏,在南张楼村"城乡等值化"项目中又被重新找回,随着社会环境的变换、南张楼村公共空间环境的建设,现代设施也被利用起来。公共空间环境是综合性的,现代商业设施的介入改变了公众对待自身生活环境和接受外来文化的态度,工业化产品如公共实施、活动器材、路灯等介入街道等公共空间,对公共审美和当代文化的传播产生重要影响。这是对乡村文明的建设,因为"乡村文明"是"人"的建设,改善公共空间环境是为了达到改善公众生活的目的。南张楼发扬传统优势的同时

---

① 袁祥生.一个农民的德国情缘——青州南张楼土地整理农村发展项目纪实[M].北京:中国文联出版社,2007:86.

② 引自2008年11月20日笔者对南张楼村村委会主任袁崇永的访问。录音整理人:朱珠。

又适应市场经济的要求,引导农民讲文明、讲礼貌、讲信誉、见义勇为、助人为乐,逐步形成和谐的人际关系、良好的社会秩序和健康的社会风气。现在(2008年)的南张楼村依然是4000人的规模,在赛德尔基金会的帮助下,村里不再为交通、文教犯愁,南张楼也以作为文教中心和集贸中心影响周边的自然村。[①] 通过公共艺术引导公众改变观念是社会功能的具体体现,作为一个实验基本达到预期的目的,眼下(指2006年)还有约100名村民在国外务工,村子的人口保持在4000左右,没有青壮年劳动力大规模外流,威尔克认为"项目是成功的"[②]。项目的成功是社会功能的体现,是通过单一项目产生的社会效益,对公共艺术来说,其成功关键在于使得公众认识到它对社会生活带来的变化。

南张楼村公共艺术与社会的关系受到社会发展的影响,公共艺术的建设又促进了社区的发展,两者是相辅相成的关系。作为联系公众的纽带,对公共空间环境产生辐射,对公共艺术良性发展起到很好的作用,其社会功能一方面是强调公民社会的建立,强调公众参与社会事务,促进社会发展,另一方面是强调通过公共空间和公共艺术建立良好的社会行为,涉及农村建设的公共影响问题,即如何引导公众。问题在于通过建筑(建筑的造型、历史文化和现代建筑风格的结合)、雕塑(生活用具展示、公共环境中的雕塑)、壁画、民间美术、公共文化活动、公共设施等促进社会发展需要各方面努力,如果没有公共观念的转变和公民社会的建立,就不能够真正达到社会化,尤其像南张楼村这样的以裙带关系为重要纽带的社会结构,能否达到真正的艺术与社会的良性发展,需要时间来验证。

---

① 徐楠.南张楼没有答案——一个"城乡等值化"试验的中国现实[J].经济与科技,2006(4).

② 徐楠.南张楼没有答案——一个"城乡等值化"试验的中国现实[J].经济与科技,2006(4).

六、公共艺术在南张楼的教育作用

公共艺术在南张楼村的教育作用主要体现在提高和塑造良好的公众道德素质,形成良好的社会规范上。具有悠久历史传统的中国农村社会,传统观念对公众生活影响极深,在乡村文明和公民社会道德方面形成良性发展是各方面努力的目标,公共艺术的作用也体现了艺术的教育作用,即对公众的道德培养。在相关理论论述中,拉斯金在其"艺术社会主义"中明确提出艺术在社会公众中的教育作用,主要体现为艺术提高公众文化素养,塑造良好个性,形成正确世界观。拉斯金提出了自己的艺术教育思想,即"艺术社会主义",重视感知力的培养和儿童艺术教育,极力反对工业化。概括起来有两个方面:一是反对工业生产将人作为工具(即没有感情、机械的生产);二是反对完全理性地割裂人与自然的联系,提倡注重人的主观感受。"艺术社会主义"是拉斯金艺术教育的一个突出特点,他面对当时的社会现实毅然选择了艺术这一出路,在《英国的艺术》一书中说"艺术教育和道德教育是一致的,一个有艺术修养的人,也是一个有道德修养的人,艺术的发展程度是该民族道德水准的反映"[①]。公共艺术强调艺术的教育功能,儒、释、道文化成为中国公共精神的深层基础,这种公共意识成为公共艺术文化价值衡量标准最为重要的一部分。从士大夫开始形成的文人化园林到其中的小品、造型、细部雕刻,无一不体现艺术作品的教育功能,这种教育功能是潜移默化地存在于公众的生活之中的。从国际经验上看当代公共艺术的实施,这不是政府或文化精英及专业艺术家单独决策和完成的事情,而是把公共艺术作为调动大众参与的手段与提升大众人格素养的手段。教育是公共艺术作品的重要作用,通过公民自主参与和建设与公众生活密切相关的艺术作品,达到使人们理解文化传统和形成社会

---

① 拉斯金.拉斯金读书随笔[M].王青松,等,译.上海:上海三联书店,1999:2.

规范的目的。公共艺术对大众的说服教育、动员教育能够培养公众的自我管理意识,如玛雅·樱·林的越战纪念碑作为建筑或公共艺术作品与自然环境融为一体,艺术作品并不破坏自然环境而发生冲突,它的教育作用反映在反思的过程上,并且利用色彩(黑色花岗岩)产生与公众心理协调的情景。

公共艺术的教化作用是使公众产生生活体验,促进产生崇高向上的道德观念。寓理于情、寓教于乐,从精神上陶冶、提高,给社会以健康的价值观念,提高人们的道德水准,这便是艺术的教育功能。[①] 南张楼村建筑形态的改变,传统建筑中的空间结构与长幼尊卑和建筑整体空间结构有关系,堂屋与偏房体现的是社会伦理关系,而建筑空间和造型的变化带来的是公众理念的变化,公民社会的建立在建筑空间中有所体现,促进了平等交流与沟通。公共壁画体现了艺术的教育功能,艺术教育是人类社会中以人的培养为目的的重要现象,它以艺术为媒介,使得受教者在心理机能、精神文化等方面得到全面提高,进而提升社会物质文明和精神文明。幼儿园附近墙壁上的壁画教导学生如何尊师重教,成为年轻一代重要的教育场所,是对学生进行道德教育的良好手段(图3-19)。在功能分区上,文化教育区是重要的功能区,包括了文化广场、学校和博物馆,但是在其他区域,艺术教育功能相对较弱。南张楼注重提高农民的思想道德素质和科学文化素质,坚持从娃娃抓起,积极培养人才,为农村经济发展和社会进步提供了智力保障。"人"的建设是通过长期努力实现的,公共艺术正是为了塑造人的完整性而存在的。

公共艺术的教化功能在南张楼还体现在居民对公共空间环境的认识上,包括建筑、雕塑、绘画、民间美术对公众的教育。公共艺术教育是一种社会化行为,传达的是一种社会规范,教育下一代人要符合这种人们长期遵守的道德规范。建筑空间中长幼尊卑观念的改变对年轻人而言是一种社会教育,欧化风格的建筑是对接受外来文化的反思,建设具

---

① 林澎,龚曙光.艺术生产概论[M].长沙:湖南出版社,1995:24.

图 3-19　幼儿园附近壁画

幼儿园附近的壁画,一方面有美化环境的功能,另一方面也是对孩子的一种教育。

有自身风格的建筑是对年轻一代的要求,博物馆墙壁上的壁画教育年轻人符合社会伦理道德规范,通过日常生活中的绘画、建筑构件上的民间绘画和雕塑,保留传统文化的公共活动,让群众产生归属感和集体感。中德合作园林的历史记忆是对社会发展的见证,公共艺术体现了"人"在其中社会化过程的实现,是深入公众普通生活的一种教育,与精英艺术的教化作用不同的是,精英艺术往往是体现上层建筑的一种艺术形态,如法国安格尔颂扬拿破仑的作品,国内董希文的《开国大典》等——精英艺术的教育作用是通过政治教化和社会意识来体现的,而农村的公共艺术首先来自于群众的生活,而不是空中楼阁和没有历史传统的艺术。博物馆具有道德规范作用的壁画就来自传统的伦理道德教育,建筑中的构件同样来自于群众喜闻乐见的形式,教育作用正是社会生活的反映。

公共艺术中的教育是通过"潜移默化"的影响达到其效果的,体现"润物细无声"的作用,是提高村民文化素养的良好的社会文化活动。公共艺术所传达的正是因公众司空见惯而不能明确表达的内容,是公共艺术和"人"的社会化同步进行的过程,制度主要体现在公众的"公共性"上,保障公众利益是加强公众参与的力量。社会文化活动在南张楼村是以民间文化活动为基础、在公共空间中进行的集体活动,其特点可以概括为"寓教于乐"和"潜移默化"。与城市公共艺术不同的是公众参与和公共性问题,城市公共艺术在某些方面对公众而言是陌生的,建筑艺术有的对公众产生相反的作用,如现代建筑中玻璃幕墙的光污染等,而在农村生活是以家庭为单位的,具有相对的独立性,在建筑造型上往往符合传统审美。社会进步带来的是不同建筑样式的结合,民间美术在建筑构件上的应用则是具有个性化的,民间活动如春节对联和中堂中的对联是教育的文字性表达。如南张楼村的两副对联:

一干二净除旧习
五讲四美树新风

春满人间百花吐艳
福临小院四季常安

艺术发挥教育功能,具有"以情感人"和"潜移默化"的性质,农村保留的这些传统的艺术既朗朗上口,也教育后人,同时表达良好的愿望。公共艺术的社会作用通过人的社会化体现出来,社会化在公众生活中从开始就起到作用,而这种作用是持续的,深入公众生活观念,表达的是大众普遍的观点。生活器具构成的公共艺术品更是直观的教育,博物馆中的传统生活器具是历史生活的见证,形成与当代生活的对比,以前生活用的推车、纺织机等都是对人的一种教育,它包含了历史教育的各个方面。

公共艺术教育在使受教者认识社会现实的同时,还向受教者渗透意识形态内容,包括爱国主义、文化传统、伦理道德、价值观念等,如博物馆墙壁上的壁画就有传达传统道德的功能(图3-20—图3-24,壁画中表现的是二十四孝,这里限于篇幅,选取四幅说明该问题)。农村公共艺术对历史与现在的教育通过受教育者的感悟达到教育的目的,达到其他艺术所达不到的效果。艺术教育的体验方法是在感悟的基础上，将教育媒介的情感意蕴和观念性内容，表现在受教者的意识中，将自身的审美经验、生活观念等内容结合起来，成为受教者的直接现实。民国时期的三位探索者以乡村公众教育和实业改变乡村，晏阳初①平民教育思想的"定县主义"主张人的人格本来是平等的，社会制度使得人有高低贵贱之分，教育上有人有受教育的机会，有人则没有这个机会，要给所有的人提供平等的教育机会，让每一个人所蕴含的潜力都发挥出来，公共艺术在农村社区是公众教育重要的组成部分，是保持正常社会运行的有力手段。

图 3-20　博物馆壁画"黄香扇枕温席"

黄香，汉代江夏（今属武汉市）人，从小对父母孝顺，九岁时，母亲去世，为母守孝三年，夏季天气炎热，其父因思念其母无法入睡，他就用扇子扇凉枕席，冬季天气寒冷，他先用身体暖热被褥，才让父亲上床休息。

---

① 吴怀连.中国农村社会学的理论与实践[M].武汉：武汉大学出版社，1998：60. 在1920年8月，晏阳初回到上海，通过耳闻目睹国内现状，指出：当前两大问题，平民问题和军队问题。对于平民教育主要针对3个问题：(1) 教员没有经验；(2) 没有良好的课本；(3) 没有组织。由于在定县取得的成功，美国记者斯诺（Edgar Snow）将其定名为"定县主义"，主要包括：(1) 主体是农民；(2) 系统改造；(3) 因地、因时、因人制宜；(4) 研究、实验、推广。

图3-21 博物馆壁画"慈母怕闻雷,冰魂宿夜台;阿香时一震,到墓绕千回"

魏国的王裒对母亲特别孝顺。他母亲在世的时候,生来就很胆小,惧怕雷声,王裒经常在打雷的时候,到母亲身边给其壮胆。母亲去世后,王裒把他埋葬在山林中寂静的地方,一到刮风下雨听到震耳的雷声,王裒就奔跑到母亲的坟墓前跪拜,并且低声哭着告诉道:"儿王裒在这里陪着您,母亲不要害怕。"

图3-22 公共空间中的壁画"曾母啮指心痛"

曾参,鲁国武城(今山东费县)人,著有《大学》一书,儒家代表人物之一,对母孝顺。传说,有一天,他进入深山砍柴,家中来了客人,母亲急盼儿归,便咬了咬自己的手指,此时曾参忽感心痛,知是慈母呼唤,急忙背柴回家。

图 3-23 公共空间中的壁画"虞舜孝感动天"
队队春耕象,纷纷耘草禽。
嗣尧登宝位,孝感动天心。

文化教育设施建设为南张楼村整体教育打下良好的基础,包括国家支持的项目如远程教育等,通过大众文化的传播提高居民素质。南张楼村庄占地面积为60.6万平方米,户均占地266平方米,供电供水基本配套,村里设有影剧院、幼儿园、敬老院、卫生院等福利文化设施,并有初中、小学各一处,在校学生758人,1986年建起了1800平方米的小学教学楼。教育区公共艺术如雕塑、壁画等是良好的教育手段。在20世纪80年代,公共艺术对农民的影响甚少,居民甚至不关心自身的环境问题,重要的是社会教育和社会环境的教育。"城乡等值化"实验以来,文化、福利、教育也有了很大发展,为了改革学校的教学环境和学习环境,投资6万元建了初中教学实验室,投资35万元建了小学1800平方米的教学楼,从而提高了教学质量,几年来被中专、高中录取近百名学生。1988年开始的"城乡等值化"实验使得群众认识到自身环境的问题,从而开始重视公共艺术在生活中的作用,公共艺术建设要具有一定的主题性,要通俗易懂,大家看不懂就失去了存在价值,因此它是一种普及教育的手段。从开始的功能分区到公共环境的美化,都是群众更加重视环境问题的重要因素,公共艺术是社会文化的一个组成部分,它同时担当自我教育、自我创造与启蒙的功能。公共艺术的当代社会学转向强调艺术对社会的介入和干预,这种干预在于教育和对现实问题的关怀,面对社会问题,紧扣社会主题,解决农村社区居民的精神食粮问题是其重要责任,空间环境的影响是潜移默化的。根据施耐德的公众空间理论,公众空间应包括物理的公众空间、社会的公众空间和精神的公众空间等几个不同层次,公共艺术的教育关注的正是精神的公众空间,通过建筑空间、造型的改变、生活器具在公共空间中的展示、雕塑中历史与传统的继承、壁画中对公众道德观念的影响,达到"人"的社会化目的,起到教育公众符合社会道德规范的作用,这种作用是逐渐发生的,是潜移默化的过程。

公共艺术教育是价值观教育,培养人的美好情感,使得受教者在精神愉悦中认同普遍性的道德法则,产生的反响是连续的,日常生活成为公共艺术作品的来源,影响到生活的质量,体现艺术与生活的关系。村民正是通过公共艺术鉴赏活动,体会公共艺术传达的真、善、美,从而使日常行为更加符合社会的道德规范,得到新的启示,潜移默化地影响下一代,因此,公共艺术即公众精神生活的反映。

第四章 重塑乡村公共空间

——南张楼公共艺术的影响

南张楼村公共艺术经过20年的建设,产生了一系列作用,产生广泛的影响,主要体现在对内和对外两个方面:对内是公共艺术与公共空间环境对村民生活的影响,建筑、雕塑、壁画、民间美术、公共艺术活动的发展促进居民观念的转变;对外的影响是公共空间环境和公共艺术的建设成为对外交流的窗口。不同机构的重视和不同研究机构的介入是公共艺术良性发展的外在条件,同时引发对农村社区公共艺术和农村社区环境建设的关注。公共批评对如何进行公共艺术建设和建设何种公共艺术进行了不同观点的表达,因此,南张楼公共艺术的影响促进了乡村文明的发展。

一、南张楼对外交流的窗口

公共艺术改变了南张楼的村容村貌,成为建设乡村文化的重要因素。博物馆、文化中心和民间美术的发展成为对外交流的窗口(图4-1)。公共艺术作为精神生活的一部分,必然成为公众自身生活的反映,农村社区中的公共艺术对公众在公共空间的交流是有辐射影响的,这种辐射一方面是通过公共艺术建设来影响南张楼公共环境,另一方面是对当地农村建设产生影响。城市公共空间环境成为改善公众视觉与交流的手段,公共空间环境和公共艺术成为重要的构成要素,农村

图 4-1　公共空间成为接待场所（左三为袁祥生）

南张楼村实施"城乡等值化"项目以来，接待参观、学习的个人、团体不计其数，包括媒体及研究机构，公共空间成为重要的活动场所，公共艺术也成为南张楼村骄傲的建设成果，同时外来人员也带来不同的建设理念。

公共文化是因公众出于自身的需要产生的，因此，在农村社区建设中，如果忽略了公众文化，将造成公众盲从的状况，公共艺术也会水土不服。美国人类学家鲍厄士曾运用地理学的方法研究文化分布，提出"文化疆域"概念，假定文化特色从其他源地向所有方向扩散，同一文化源地向外扩散多个文化特色，分布范围越广则年代越久。南张楼村对当地传统文化和地域文化进行挖掘，虽然是一个个案，但是它所产生的影响是广泛的。首先是促成了潍坊地区农村社区的研究，其次，其模式影响到其他区域，使其他农村社区更加注重通过公共文化改善村民的精神生活，包括赛德尔基金会在内蒙古、甘肃、四川等地的实验，这种影响是由区域性对外扩散的文化发展。在当代社会，联系的广泛性带来不同地域文化的融合，乡村文化的封闭性，使公共艺术建立在传统伦理观念的基础上,农村社区是以血缘联系为纽带的,而农村社区公共艺术的辐射作用是从文化中心向外扩散。在改革开放步伐加快的今天,内外互相交流、文化相互融合对公共艺术的影响是前所未有的,在农村,公共空间环境和公共艺术的对外交流是多种多样的,但是它的基本功能是作为一个平台,将当地文化作为一种资源向外辐射,成为使社会公众认识乡村本土文化、评价乡村地域特色的重要窗口。在南张楼,通过公共艺术和公共空间环境影响公众的生活,南张楼村区域文化的发展特色提供了一条探索之路。

公共艺术建设与对外交往的加快是随着社会化进程的加快实现的,南张楼村公共空间环境、公共艺术体现的乡村特色作为公众关注的问题来展开。农村社区有着稳定的社会基础结构、稳定的文化状况,对待公共文化的观念是固守的,公共艺术成为展现当地思想观念的平台,形成了有别于其他区域的特色,本地域的特色就成为展现当地文化的基础。南张楼村在1988年以前属于典型的北方平原村落,建筑沿用当地传统造型,建设只体现在材料与居住设备的更新上,而对于如何从建筑中体现南张楼村特色、如何通过建筑来改变自身的生活没有什么概念,整体的建设与其他地区相差无几,公众对于当地的特色并不了解。实施"城乡等值化"实验项目以来,公众从外到内有了基本的比较。袁祥生说在建筑这一方面赶时髦的思想很严重,保留民族特点的意识太差,总认为外国的月亮比中国的圆,把自己的很有特点、很有文化档次的东西丢掉了,现在真是后悔莫及,假如当初有现在的认识,南张楼完全比现在有特点,真的会成为一个乡村民族的景点。① 对外认识方面的提高是建设乡村特色的前提,在中国历史上,由于交通、交流原因,地方特色非常突出,北方的合院空间、长江流域的杆栏式建筑等都是一种表达。南张楼村的建筑特色是备受批评的,主要原因是它盲目模仿欧洲样式而失去了本应发扬的特色。

---

① 袁祥生.一个农民的德国情缘——青州南张楼土地整理农村发展项目纪实[M].北京:中国文联出版社,2007:36.

对外交流还体现在社会影响方面。自南张楼村实行"城乡等值化"实验以来,从国家层面到地方政府都非常重视,中央电视台主持人王志等对此做过专访,每年到南张楼参观的人数与团体非常多,袁祥生出版了《一个农民的德国情缘——青州南张楼土地整理农村发展项目纪实》一书,记载了项目从开始到现在的过程。1979 年到 2009 年在中国期刊全文检索的研究论文有 25 篇,不同专业对南张楼村进行调研,这些都提高了南张楼村的社会影响。袁崇永说:"我们村对外开放水平不断提高,今年(2008 年)上半年成功接待了德国巴伐利亚州议会议长格吕克先生和世界经合组织成员代表团,他们对我们双方的合作给予了很高的评价。今年 9 月 3 日,村两委和有关支部书记代表南张楼全体村民成功接待了来自全国各地土地整理系统的各省代表,为南张楼村下一步走出去、请进来奠定了很好的基础,截至今天累计接待省内外考察团 56 个。"在民间文化的交流上,作为公共艺术,它体现南张楼村的精神面貌,展现当地文化,文化中心、博物馆、公共雕塑、中德合作园林、学校及公共艺术都成为在对外交流中值得点评的地方,也成为南张楼的骄傲。

对外的影响还体现在对外交流的加强上。南张楼村抓住外派劳务这一经济增长点,多方联系外派劳务单位,多渠道输送更多的村民到国外务工,帮助协调出国务工人员的费用问题及其他工作,鼓励年轻有文化的青年人外出务工,回国后多办一些私营企业。对于这种以企业带动乡村文化建设的做法,各方面有不同观点,德方认为应当以农业改变乡村面貌,使其成为社会发展的原动力。对于德国人来说,"田园生活"这个概念始终具有闲静和自我发现的含义,为了这个理念,贝多芬当时就把他的第六交响曲命名为《田园》,把他的第一个乐章取名为"来到乡村",唤起轻松愉快的感觉。因此,形成特殊的乡村文化是"城乡等值化"的最初目标,但是在南张楼村的发展过程中,依靠外出务工发展农村的做法与初衷背道而驰。

对外交往的发展有赖于村庄革新项目的实施,公共空间环境和公共艺术受到社会的广泛关注,不同学科之间的交叉研究促使南张楼村视觉文化良性发展。在袁祥生看来,南张楼村在实验中走了许多弯路,但是总体的发展是好的,当居民认识到公共艺术产生良性反响的时候,更加重视自身环境的问题,关注到精神文化关系到南张楼村的乡村文明和未来,这种认识发自村民内心。南张楼公共艺术的建设过程也成为公众批评的过程,正是这种批评让南张楼村公共文化在弯曲中前进。纵观每一次文化发展的飞跃,交流与冲突屡见不鲜,美术也是如此,汉代佛教文化的传入,丝绸之路、传教士来华带来的西洋画风,近代中国绘画改良论等,使人们对美术产生不同的理解。从为宫廷服务到成为大众艺术,是美术发展的历史道路,美术研究范畴的扩大使得通过公共艺术来影响大众生活成为当代美术的重要特征之一。从美术发展的道路来看,对外交往成为发展的动力来源,农村公共艺术与对外交流促进人们认识农村现状,从无意识变为有意识规划,项目的实施围绕着村民自助展开,加强当地特色文化建设,建筑、雕塑、公共壁画和文化中心成为体现以上特色的重要载体。对于如何发展,袁祥生认为在适当的时机应当把公共文化特色变成南张楼特色,公共文化不仅仅体现在文化中心和博物馆,也不仅仅是学校教育,而是关乎整体村民的问题,要建设附属活动中心,让更多的人在适合的空间活动,体现更多的公共艺术。

另外一个方面,它来自于不同专业的关注。不同专业的研究如《中德农村地区的可持续发展——见证山东和巴伐利亚》《南张楼没有答案——一个"城乡等值化"试验的中国现实》《联邦德国乡村土地整理的特点及启示》《山东青州市南张楼村调研报告》等,有的是从政府层面进行研究的,有的是从专业层面进行研究的,南张楼村"城乡等值化"项目的实施是否可以成为借鉴的对象,作为中国农村综合性发展模式是否值得推广,主要要看是否能形成系统有效的方法,效仿的管理者是否能够系统面对未来,能否成为管理部门、村、镇、村民共同合作完成革新的典范。南张楼村公共艺术的一些做法确实是可以借鉴的,在"人"的建设方面,公共文化是促进公众观念转变的手段,公共空间环境是一个平台,公共艺术对公众产生直接的作用,在农村要有群众基础,公众的认可是公共艺术存在的条件。从社会发展的角度来看,对外交往产生的辐射、社会的关注成为公共文化发展的动力,外在条件是社会意识形态的相互交流影响到农村社区的公共艺术。

南张楼村从封闭落后到扩大对外交流,整体视觉文化和公共艺术成为其对外交流和研究的对象,从被动模仿到反思现状,提出更加符合农村发展的道路,对外交往是重要因素之一。公共艺术的具体实施引起公众的广泛注意,使整个社区具有地域特色并对社会产生影响。公共空间环境通过公共艺术作品对环境产生影响,公共建筑、壁画、雕塑越来越走进普通大众的生活,人们对公共空间环境的要求越来越高,城市文化广场、各种文化设施、居住区公共艺术成为居民交流、对话的场所,日常生活也受到熏陶。同样,它在农村地区也影响到公众生活,"城乡等值化"所提出的理念使在农村生活的居民通过精神生活的建设来改变自身,对外交往使村民认识到公共艺术产生的作用,从而产生更高的愿望。农村对外交往中,要通过政府引导来改变农村群众的观念,只有认识到公共艺术的重要性才能良性循环。对美好生活的向往会产生内部的动力,加强农村群众对外的联系,各方面、多学科介入农村公共艺术,建筑学、美术学、生态学、地理学等多学科合作才能促进农村社区的整体发展。农村社区的公共艺术研究,要建设更好的环境,单靠某一方面的完善是远远不够的,整体规划才能推动发展。

二、公共艺术对公众生活的影响

公共艺术对公众生活的影响,首先是对更美好生活要求的影响,公众认识到公共环境的重要性(图4-2、图4-3);其次,公共空间环境的建设产生人际交往方面的变化,促进了乡村文明的发展。乡村文明指的是农村文化风气的内在状态,表现为农民的思想观念、道德规范、科学知识、文化修养、行为操守等,村容指的是农村视觉形象的外显状态,表

图 4-2　南张楼 20 世纪 70 年代的环境

图 4-3　重塑公共空间(南张楼村休闲娱乐中心效果图)

南张楼村的长远规划提出要把空闲地利用起来,创造新的公共活动空间,为居住区的村民提供更好的活动场所,公共艺术建设也会延续,并且总结前面的经验教训,以传统文化特色体现南张楼视觉文化

现为总体布局、功能分区、基本设施、生态条件、自然环境、卫生状况等。① 赛德尔基金会在南张楼实验的基本任务是：通过和项目合作人的共同协商,在最大程度上顾及南张楼的特色及传统。② 因此,乡村文明和村容整洁也是村庄革新中的重要内容,笔者在南张楼村调研的过程中,首先感受到村民对自身生活充满自豪感,这种自豪感来自于公众对自身生活与城市和别的农村生活的比较,村民普遍认为城市生活压力大,赚钱并不容易。其次,村民对自身的生活环境虽然不是完全满意,但对于"城乡等值化"项目实施后出现的天翻地覆的变化是满意的。作为对公众的教育,建筑、雕塑、壁画、民间美术的影响是直观的,而无形的教育是使居民产生愿望,其中也包括学校的教育,小学音乐、体育、美术教师是基金会组织培训的重点对象,学生在作文中经常写道：40年后我们的学校一定会变得更现代化、更美,有很多高级的设施。③ 南张楼居民对未来美好生活的向往是公共文化、内外交流带来的转变,公共艺术和公共空间环境通过20年的建设,使公众生活发生巨大变化,这是促进乡村文明的重要动力。

创造更美好的生活是南张楼村居民的普遍愿望,公共艺术的作用在于唤起公众对更美好生活的向往,除了公共艺术的作用观念之外,在满足物质实用功能的同时,居民会追求更高的精神需求,对审美也会提出更高的要求,正是这些实用性产品,反过来又对公众产生影响。公共艺术的发展,实用功能是第一位的,而后审美趣味又影响到形式,从而影响到公众的生活。公共艺术在南张楼村是公众的体验,体验有其精神方面、情感方面,它表现的感性思维是直接对形象的感受,逻辑思维是对观念的分析、评价。南张楼村的公共艺术区别于当代美术观念,形象思维和从公众传统中走出来的形式更符合群众的观点。"形象思维"

---

① 董忠堂.建设社会主义新农村论纲[M].北京：人民日报出版社,2005：3.
② 袁祥生.一个农民的德国情缘——青州南张楼土地整理农村发展项目纪实[M].北京：中国文联出版社,2007：107.
③ 袁祥生.一个农民的德国情缘——青州南张楼土地整理农村发展项目纪实[M].北京：中国文联出版社,2007：199.

和"情感思维"正是公共艺术所特有的,它不仅平衡社会文化之间的关系,并且公共性机制产生的影响超过作品本身,传达的价值观念给下一代带来新的社会价值观,这种价值观念在南张楼村丰富了精神空间,也是公共参与带来的结果。公共艺术唤起人们对生活前景的向往,通过不同的交流和对外交往,认识到自身的不足是建设的动力。作为项目负责人,袁祥生通过理论学习和去巴伐利亚实地考察,认识到要迅速提高农民的文化素质,单靠抓普通教育是不够的,远水不解近渴,要想做到一针见血、立竿见影,必须抓成人教育和职业教育。在他的努力下,中央电教馆把南张楼村定为全国电化教育实验村,并和赛德尔基金会的"土地整理,村庄革新"项目结合起来,促进该项目的顺利发展,从而达到改善劳动条件、生活条件和环境的目的。[①]。

南张楼村公共艺术注重的是作品的过程而不是结果。公共艺术所传承的历史文化使公众认识到以前的生活,而接触到不同观念是对公共艺术和不同文化的再认识。从国外的接触到对农村社区公共环境和自身公共环境的反思,20年的建设让群众对未来生活充满信心。对生活前景的向往同时得益于年轻一代,中德合作中将对年轻人的培养放在重要位置,并对村里的留学生进行资助,8名德语翻译出去学了知识还赚了钱,在阿根廷办农场,在美国办餐馆,到日本、韩国打工,出去的人多了。[②] 走出去看到差距是建设发展的动力,外来人员对南张楼的帮助是外部因素。

南张楼村自明代以来,结构稳定,人口也相对稳定,公共生活遵循传统伦理道德观念,"城乡等值化"实验创造等值的精神生活,促进农村居民的和谐,利用农村的自然优势、美丽的风景、舒适的生活环境以及贴近自然、左邻右舍紧密的交往关系,发展适合农村居民欣赏的公共艺术,这与城市的人情关系形成比较鲜明的对比。民间文化活动和公共

---

① 袁祥生.一个农民的德国情缘——青州南张楼土地整理农村发展项目纪实[M].北京:中国文联出版社,2007:270.

② 根据2008年11月20日笔者对南张楼村村委会主任袁祥生的访问整理。录音整理者:朱珠。

环境创造了民间交往的公共空间(表4-1),南张楼村也形成了自己的乡村文化特色,建立了以文化广场为中心的休闲区。城乡等值化合作项目资助了放映机等设备,配备了一个可以容纳千人的文化中心,青年有了一个娱乐场所,丰富了村民的文化生活。① 文化体育活动和公众自发组织的业余活动也是促进人际交往的因素,村里提出的统一规划教育中心的建议被采纳,村小学现有的体育场(农忙时节也可以作为打晒粮场)成为全村的公共体育活动场所,体育场也将成为连接教育中心和居民区的纽带。城乡等值化是公众在教育引导下的自我救助,它不同于以往的农村改革,而是以农村群众为主体,互相帮助,并提供公共场所建立感情联系,这有利于儿童的成长,在农村地区,需要这种极其重要的资源作为未来潜在的"援助与自助"。在思想教育方面南张楼村也贯彻国家的大政方针,乡村文明建设中,"人"是建设的主体,是农村建设的目标之一,公共空间环境的改变、公共艺术传达的意识观念,对群众产生多方面的作用。南张楼村文明建设中村委会多方举措来提高乡村文明程度,搞好宣传,提高村民整体素质,在原有文化广场的基础上,将村内几处荒湾(当地方言,即闲置的自然水塘)逐步进行改造,特别是村南团湾,将规划建设成村休闲娱乐中心。依托锣鼓队积极带领村民开展文体活动,丰富村民的文化生活,把歌舞队、戏曲队、秧歌队加强壮大,开展多种多样的新农村建设宣传活动,提高村民的整体素质。博物馆、学校、文化中心是利用荒湾改造成的公共活动场所,老年人(特别是

表4-1 1990年南张楼村社会文化活动情况

种类	总人数	男性	女性
乐队	65名	21名	44名
舞蹈队	25名	9名	16名
体育队	20名	14名	6名
影院工作人员	4名	4名	

① 袁祥生.一个农民的德国情缘——青州南张楼土地整理农村发展项目纪实[M].北京:中国文联出版社,2007:100.

中老年妇女)带着孩子一块娱乐,增加了彼此的感情,这是第一个文化活动场所,每天晚上都有人去活动。① 这些方面体现了公共空间产生的效应和连锁反应,并使居民在实际生活中获得无形的利益,政府或职能部门的引导、公共服务机构的努力、视觉文化的改善,使公共空间改变了公众之间的交往方式,由原来的户与户、个人与个人转向集体性、大范围整体交流。南张楼村对公园、公共广场、街道等可以利用的公共空间进行公共艺术建设,不仅影响到人际交往活动,而且促进了乡村文明的发展。社会学意义上的公共空间,由于历史原因形成相对固定的交往空间,这种空间在农村有的是自然形成而不是人为的,大树下、田间地头、庭院门口往往是人们谈论家长里短的地方,这种以公共传播为主的农村社区公共空间反映的是传统的社会交往。南张楼公共艺术对人的作用和乡村文明是逐渐发展的,它作为视觉文化现象存在于人们的意识之中,是对人精神文化的塑造。视觉文化在农村社区是一个整体,公共艺术正是要达到塑造人的目的,精神文化是文化结构的内核,是一个由观念文化、知识文化和艺术文化组成的体系,观念文化包括思想、道德、观念、社会心理等。20世纪70年代以来,人们对艺术与社会的关系重新进行审视,让公共艺术成为大众的一种日常生活场景。"大众艺术"从"大众"的参与和欣赏心理出发来寻找作品的内容与表现形式,这在创作立场和方法上较其他艺术有很大的不同。如何让艺术走向大众、对大众日常生活起到作用,是农村社区公共艺术建设要考虑的问题,艺术大众化的本质是一种态度,一种对大众的态度的引导,而公共艺术以公众自己的方式阐释其在公众生活中的作用,生活空间不仅能使个人获得心理发展,而且是个人进行审美感知的场所、领域和环境,南张楼村的公共艺术联系大众,塑造的是大众的精神。

公共艺术成为南张楼村乡村文明建设中公众生活不可缺少的部分,群众认识到公共艺术的作用,产生对当地文化的认同和生活的归属

---

① 根据2008年11月20日笔者对南张楼村村委会主任袁崇永的访问整理。录音整理者:朱珠。

感。乡村文化不是个人或家庭可以建设的,它需要乡村社区全体居民的共同参与,而公共空间为人们的共同参与提供了场所,人们在公共空间中形成的共同意识往往就是人们在自觉或不自觉中认同的地方文化。公共空间文化通过公共艺术达到目的,转变根深蒂固的思想观念是解决问题的根本,在人际关系中所采取的态度构成了人情世故,对人情世故的体验、记录和反省成为艺术从无到有的变现成形过程,"人情练达即文章"说的就是这种情况,即艺术是人间生活的变现。让艺术成为生活的一部分,公共艺术、民间美术、宗教美术、宫廷美术、中国的文人美术和影视美术等是追求作品的外在意义,超出了作品本身的含义。有意思的是南张楼村开始更重要的是通过经济发展和外出务工达到乡村文明的,而不是首先通过公共空间环境和公共艺术达到目的。环境改变也带来一些意外的收获,如外村的姑娘说给南张楼的人家,男方哪怕是腿脚不太利索,哪怕长得孬点(地方话,难看的意思),都能将就,关键南张楼村里副业多。① 南张楼村把经济作用放在农村社区建设的第一位,环境是随之发展的,公共空间环境得到改善以后人们才认识到它的作用,从档案资料来看,对公众生活的影响带有形象工程问题,形象工程也不可避免地出现在合作项目建设后的宣传方面,形式大于内容也是人们普遍讨论与关注的问题。

三、公共艺术与农村社区的关注

社区作为重要的居住环境,它的发展演变成为居住者关注的重要问题。社区的内涵和空间意义与其他不同,共同的社区心理意识与归属感是社区的核心内涵,而其空间外延是指"可以满足居民基本需要的

---

① 徐楠.南张楼没有答案——一个"城乡等值化"试验的中国现实[J].经济与科技,2006(4).

居民点,包括村庄、集镇、都市和大都市内部的各种生产和生活区"①。农村社区是居住者重要的活动空间,中国传统聚落一直在"天人合一""阴阳有序""传统文化"的基础上发展,传统乡村的生态文化、自然环境、建筑、公共雕塑、壁画、公共文化活动等一脉相承。自中国城乡二元结构建立以来,农村社区受到冷落,城市居住区成为改造居住环境的重点,对乡村社区的脏、乱、差等突出的环境问题没有足够的重视。农村社区作为区域共同体,是居民以从事农业生产为主要谋生手段的区域社会,它具有人口密度底、同质性强、血缘关系浓厚、风俗习惯和生活受传统影响较大、经济活动和组织结构简单等特点。当代乡村社区一方面从传统社区中学习,另一方面引进不同的理念,重视公共文化,创造和谐的环境,但出现了千村一面、毫无特色的状况,这与现代建筑和公共视觉文化的趋同有一定关系。居住环境往往成为重要的文化活动空间,原始居住以实用为主,审美变化导致对地域特色的关注,社区建设的社会化是适应社会需要,广泛动员和依靠社区力量来发展的事业。20世纪90年代以来,逐渐打破了农村、城市的区域性差别,以居住社区为概念来认识农村与城市生活。因此,公共空间环境与公共艺术不论城市还是农村都同样存在,都应该同样得到关注,居民的精神生活需求和文化生活同样受到关注。南张楼村村庄革新的实施,使乡村社区问题引发更多的关注,包括乡村居住区环境、公共文化建设、公共艺术等问题,对乡村社区的其他研究包括宏观层面的村落规划体系、空间形态、内部空间结构、社会变化与人口问题无疑都产生积极的影响。公共艺术正是关注社区公共空间文化,通过直观形象认识公共空间环境的,作为与公众生活密切相关的艺术,如何更好地服务于农村社区是"城乡等值化"试验中需要思考的。

　　南张楼村社区公共文化被提到重要位置,传统文化的保护、公共空间文化建设、公众参与和公民社会的建立、对当前中国农村社区建设的

---

① 轩明飞.社区组织与社区发展——一对社会学概念关系的界定与阐述[J].科技与经济,2002(4).

反思是关注的要点。因此,城乡等值化理念如何建设中国农村,如何通过公共艺术建设农村文化,如何通过公共艺术引导公共生活等问题,需要公共文化的引导。霍尔格·马格尔博士说,农村要保持可持续发展的生命力,要保持未来的活力并设计未来,就应该坚定不移地进行参与者的头脑投资,而不仅仅是道路和广场。① 这里所说的参与者的头脑投资,主要是长远的眼光、文化素质和战略性思维,道路和广场这些硬件设施建设可以在短时间内见到效果,而"人"的建设则是长远的,对于乡村公共文化来说,农民、艺术家、建筑师、景观规划师和行政专家促进农村发展,多学科交叉更好和更有效,专家确保计划实施并进行监督。"城乡等值化"实验在南张楼村的实践说明了建设乡村社区公共文化的重要性。公共艺术具有某种集体、民族的象征性特点,它反映了这个国家、民族或地区的精神状况,是这个国家、民族、地区的政治、历史、文化、宗教、地理、生产、风俗、科学等各方面的综合反映。"城乡等值化"实验同样提出对农村社区公共文化的基本需要,农村社区需要的基础设施有庆典广场、停车场、学校、幼儿园、墓地、农场、污水处理厂和工业区等,公共文化提供了有效的支持从而有利于可持续发展。农村社区公共文化也依赖于公共空间环境,文化中心是重要的活动空间,但是并没有取得相应的效果。如果缺乏必要的空间环境,公共艺术与公共文化则受到限制,在城乡等值化的理念中,虽然乡村和城市居民接受的文化状态不一样,但是要与城市一样有接受文化的途径,通过公共环境的建设达到"不同类但等值"的目的。这种公共文化对农村社区来说是非常重要的,正如国家实行的乡村图书馆政策,也是通过公共空间传播公共文化,社区的建设也将使公众受益,发现普通人的创造潜力,使人面对问题有勇气,并能够找到解决问题的方案。当代中国城市与农村建设的不协调产生对农村社区公共文化的忽视,改革开放以来不同地域和不同机构对农村社区进行了大量研究,如对韩国新村运动、日本村镇

---

① 霍尔格·马格尔,工程博士,慕尼黑科技大学教授,测地学、地理信息和土地管理研究所所长,国际测量师联合会会长,联合国生活环境专业论坛主席。

综合建设的借鉴等,目前提出的农村综合发展概念是对国外的学习,地区性的实践是地方性探索,南张楼就是其中之一。农村的综合发展离不开最主要的建设主体,即农民,农民的素质问题是制约发展的关键。南张楼村村长袁祥生说,总结"城乡等值化"项目实施以来的经验,关键的还是农民的问题,也就是人的问题,公共文化有重要作用,城乡观念差别和文化素质有很大关系。城市扩张带来的城乡接合部是一个城市与农村联系地带的灰色区域,"灰色区域"是农村行为和城市行为(集中表现为农业行为和非农业行为)的空间高度密集的混合区,因为传统意义上的"农村"与"城市"都是相对封闭的概念,"灰色区域"则是城乡两大区域相互作用和相互联系的产物。"灰色区域"涉及的虽然是社会发展的问题,但也与农村发展有关系。城乡等值化带来的对农村社区的关注将会产生积极的影响,公共文化的传播是建设农村社区重要的手段,公共艺术与公共空间为此提供了契机。

公共艺术与农村社区的关注对整个社会产生影响,公共艺术在农村社区包括建设机制、建设过程、建设评价和影响评价等重要因素(图4-4),1982年在美国召开过一次艺术研究方面的会议,名称就是"艺术与社会",人们已经普遍认识到应当把艺术作为社会现象来研究。从人类社会的经济、政治、习俗等与艺术的关系中对艺术做多方面的研究,这已经成为艺术史研究的必然趋势。"城乡等值化"实验首先要求政府各级机构的重视,引导作用是不可替代的,重要的是如何通过建设主体即农民来自觉地建设自己的家乡,没有农民的参与就不能真正了解农民的愿望,这也是"城乡等值化"实验中村庄革新的关键。公共艺术不能作为一种空中楼阁,不能画饼充饥,而应通过实实在在的、看得见的形象来塑造环境,建筑是与农民紧密相关的生活场所,公共空间环境利用自然景观、雕塑、壁画与民间美术、民间艺术活动改善公众的生活状态,这是农村社区公共艺术的集中体现。应当说,公共艺术为了大众的欣赏,是综合了多种语言来表达的,是一首交响乐,也是各种乐器的共鸣,在当代农村社区也是一个重新塑造的过程。"人"的转变和公共艺术同步的过程,是农村社区居民认识外部世界的一种特殊手段,

图4-4　南张楼村的另一种环境

在文化功能区和主要街道附近,南张楼村社区建设也存在不尽人意的地方。

是大众文化的一种表现。建设评价过程是综合性的,是学科交叉、相互作用的结果,当代公共艺术已经不是单纯作为一种艺术作品了,而是与公众产生的交流,当代文化的构建与实践,与文化学、社会学、城市学、传播学、艺术学、艺术哲学、市场学等有着密切不可分割的联系,尤其是当代公共艺术已经与人类学、社会学、哲学、建筑学、管理学等相关学科密不可分,与不同的欣赏人群和欣赏人群的素质有密切关系,只是从技术方面进行研究不能完整地认识当代公共艺术,尤其是在农村社区。

农村社区中的公共艺术研究的是整体视觉文化,是人在环境中的体验。南张楼村视觉形象中传统的院落空间和梁架结构形成独特的建筑特色,体现当地的地域文化和生活状态,欧化建筑被称为建筑垃圾,是对地域文化的反思,通过一种合理的引导,形成统一又具有家庭个性化的风格,行政命令和统一化导致的只能是一种呆板的、毫无生气的视觉艺术。如南张楼在1977年为加速村庄规划,提高建房质量,减轻社员生活负担,规定(草案):建房次序,按照规定,按各队中心点,排号扒屋,由各队生产队进行编号安排;房屋及院子规格:房屋一般东西14米,南北5米,院子14平方米;房屋标准:五层底台,一律小缝子,瓦接檐,按不同位置和能力进行属山,属前脸或后墙,单间一律排在后山头;门窗标准:门口处窗高2.25米,门上窗、窗上窗、门窗宽窄自己选择;伙房及门楼标准:大门楼3米,伙房3.5米,门楼居前脸,伙房座窗,所有壁墙一律沙灰擦白,院墙高2米。① 当代农村建设中也出现了形式化的问题,引导公众在自己的文化背景下建设家园会增强归属感和认同感,是价值观念的整合,因为在同一社区或同一地域有基本相同的价值观念,对于价值观念的差异,社区建设应重视对其进行整合。壁画、雕塑、民间美术是公共艺术建设的要素,通过公共艺术传承当地文化,对公众进行公共文化教育,对自然环境起到保护作用。农村社区是稳定社会结构的地域文化,对公共艺术的认识通过传统文化表达,用发展的眼光看待公共艺术,形成整个农村社区的文化凝聚力,使社区成员有共同的目标和利益,并通过共建机制促进社区各种力量相互作用、相互吸引,从而形成一种聚合、凝聚力。在德国巴伐利亚州,农村文化景观已经成为农村社区的特色,通过公民的积极参与,活跃的村庄文化和稳固的社区景观分布在1000多个乡镇。来自于4600个村庄的120万名公民准备共同发展他们的生存空间,并积极、主动、致力于对村庄公共文化和景观的塑造,政府能为公民和社区所做的努力使它成为可能,在农民获得物质条件的同时,保存文化景观多样性。公共艺术与农村社区的结合,对乡村社区公共文化的发展起到促进作用,公共文化的复杂性使公共艺术与农村社区紧密相连。

---

① 资料来源:青州市档案馆。

四、公共艺术的公共批评

南张楼村公共艺术的公共批评是从公共角度对作品的评价,对公共艺术建设机制的分析,主要包含专业批评、公众批评、社会批评。公众批评的评价主体是南张楼居民;社会批评是从不同专业、不同角度对南张楼村文化观念的评价。艺术消费者以其对艺术品的审美欣赏为基础,将自己对艺术品的审美感悟和价值判断做出表达,艺术创作和消费以一定的美学原则为依据,对艺术作品进行描述、阐释、鉴赏、分析和评价。艺术批评对公共艺术通过不同的观点进行相关的讨论,从而促进良性发展。美术批评是指批评主体对行为主体与行为过程或结果及相关内容的优劣进行专业性、周期性、学术性和创造性的鉴别。[1] 南张楼村公共艺术作为"公共性"的作品,公众批评是基础,公共空间是条件,居民日常活动是良性互动。因此,公共艺术的设立、形式与公众的关系调节是公共批评的结果。不同的评价是公共艺术在南张楼村良性发展的依据,作用通过公共评价体现,公共批评带来的是对相关问题的反思,是不同观点的结合。

南张楼村公共艺术的公共批评是建立在公民社会的基础上的,作为个体的公民,表达自己的观点是建立公共艺术的动议。设立公共艺术应该首先接受公众的观点,公共批评反映了公众的期望,为公共艺术指明了发展方向,公共艺术的发展应以现存问题和群众需要为基础。赛德尔基金会在四川八颗镇的项目中,硕士工程师彼得·施穆克等与1000多名村民积极座谈,将采集的信息归纳为村庄建设的主题,与村民展开积极座谈,这是公众参与讨论的一种方式,也是相互批评与相互接受的过程,公众也表达了进一步了解其他培训的意思(图4-5)。南张楼在实验之初也进行了类似的座谈。建设中的批评,对建设材料、本土文

---

[1] 梁玖.美术学[M].长沙:湖南美术出版社,2005:315.

图4-5 彼得·施穆克等与八颗镇村民座谈

赛德尔基金会在四川也开展援助项目，前期了解村民的愿望非常重要，这样后面工作的开展才有针对性，基金会的引导作用和村民的主动性是成功的关键，南张楼实验中这种过程同样存在。

化的采用对公众产生影响，公共艺术传达的不只是一个作品，而是让公众参与并联想到其中的故事，它除了担负各具形态的社会文化的现实任务外，还具有对社会现实生活的某种文化干预的功能，文化批评则是对某种问题的解答，通过使用者对公共艺术的参与，对作品完成提供了保障。公共艺术有利于形成地域文化特色，通过公共环境能够改善公众生活，这已经成为共识，实地的调查（表4-2）也表明公众的评价体现了某种愿望。南张楼村居民的观点是建立在宗族及群体观念影响下的评价，通过建筑、雕塑、壁画、民间美术、公共空间环境达到提高群众文化素养的目标，认为农村只是民间活动而忽视社区公共艺术的观点是片面的，随着农村社区人口的变化和城市化进程的加快，公共艺术应该具有农村特色并且形成独特的乡村文化。

表 4-2　农村基础社会状况调查①

调查项目＼年龄	18岁以下	18—40岁	40—60岁	60岁以上
村内的治安状况	满意(约96%)	满意(约85%)	满意(约76%)	满意(约93%)
家庭的生活状况	一般(约67%)	一般(约67%)	满意(约82%)	一般(约51%)
政府的工作状况	—	一般(约54%)	满意(约87%)	好(约91%)
村内的社会风气	满意(约91%)	满意(约89%)	满意(约93%)	一般(约53%)
新农村建设相关政策	—	知道(约80%)	知道(约76%)	知道(约69%)

　　公众体验也是一种公共艺术的公共批评，作为公共空间的艺术必然与公众产生一定的交流，让生活者进行相关的实际体验，评价关系到作品是否能够长期放置在公共空间。南张楼村的传统文化、稳定的社会结构、思想观点、个人生活、公众体验影响对公共艺术作品优劣的评价，根据当地的人文环境、生活习俗和历史特点等塑造公共艺术作品，传承当地建筑特色，民间"艺术家"参与的雕塑及壁画、共同参与的公共环境建设使公共艺术成为完整的作品，完整性体现在整个过程的完整上，如果脱离了当地居民的体验，不论是研究者还是机构都将失去批评的基础。有人认为在农村没有建立公共艺术的条件，然而"城乡等值化"项目的实施，使人们意识到农村社区精神文明的提高，不是经济发展的问题，不是农民富裕程度的问题，更不是可有可无的问题，而是必须建设和更好建设的问题。改革开放以来，农民整体文化素质的提高一直广受关注，远程教育、农村图书馆等文化设施影响农民的生活。可以看出，国家对农民文化素质问题相当重视，公共艺术对农村公共文化的推动作用已是一个不争的事实。

　　公共批评的作用主要体现在公共艺术的良性发展，以及如何更好

---

① 本次调查数据来源为中国矿业大学大学生训练计划：苏北地区农村公共空间造型艺术构建方式。课题主持：张琦；参与人员：肖晴，周红萧，2006级5名本科生；调查地点：大彭镇程庄村；时间：2007年。

地适应发展需要上。公共批评提供更好的决策,避免不必要的失误,如重复建设、不符合当地居民的情况等。对南张楼村公共艺术的批评,从不同角度出发有不同观点(图4-6),对于村民来说,对将司空见惯的生活构件作为一种艺术形式并不认可,民俗博物馆建成了,袁崇永负责拿钥匙,他经常在里面独自坐一天,有村民说:"俺的名字还在那磁盘子上刻着呢,有啥看头?"小推车、老油灯,还有走廊上面的"二十四孝"故事刻画的玻璃砖,只好蒙尘。① 公众对自身生活的认识虽然通过如"二十四孝"对下一代产生影响,但是群众对日常口头的传播内容并不关注,由此可以看出南张楼村群众对公共艺术作品的评价。生活在社区之外的公众对公共艺术在农村社区的功能认识并不同于社区居民,他们认为公共艺术所追求的是艺术效果,公共艺术强调的是风格,社会效果是随着艺术效果而产生的,强调的是美,而南张楼村居民对此则持不同观点,碾磨在艺术家眼中附加有更多意义,而在村民眼里这些附加意义被忽略了,认为它只是一种生活用品。公共艺术作品与公共批评相结合,促进了与村民的互动,公众的需要也是建设的前提。虽然目前南张楼村的发展令人瞩目,但是大部分南张楼村民认为南张楼的优势只是和城市的收入差不多,人们还是向城市走,毕竟由于城市设施全,孩子在城市能受到更好的教育,这表明大多数的村民对城市生活的向往

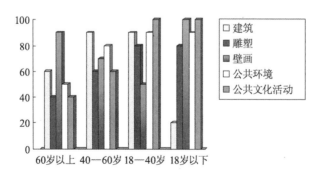

图4-6 公共艺术与社区居民分类(年龄)调查

---

① 袁祥生.一个农民的德国情缘——青州南张楼土地整理农村发展项目纪实[M].北京:中国文联出版社,2007:199.

是难以抛却的。① 通过"城乡等值化"来改变公众观念是一项长期而艰巨的任务,公共艺术作为一种可以感知和认识的形象,不仅可以使得生活在环境中的村民感受艺术品质的优劣,同时可以使人们产生精神交流的意愿。公共艺术进入日常生活,真正融入公共生活并对公众生活产生引导,是公众批评对公共艺术产生影响的关键。

不同机构的批评对建设也有重要的作用,在南张楼村公共艺术的建设过程中,国家、政府、赛德尔基金会、村委会、不同专业和机构提出不同的批评。赛德尔基金会对南张楼村建设的批评促进了项目顺利实施,并达到基本目标,对保留传统文化和公共艺术的批评使南张楼村委会对地域文化的建设起到更好的反思作用,对公共空间环境建设的批评使公共文化得到更多的重视。公共空间环境和基础设施(交通、生活设施、学校、幼儿园、医疗站等)一样重要,南张楼村居民的生活条件必须提高,以增强社区的吸引力,明确阶段目标,使项目逐渐推进,不同需求也促进其更加合理(图4-7、图4-8)。南张楼村在20世纪80年代对城市生活的向往和人口的流动使农村问题变得严重,公共空间环境成为影响公共生活的难题,南张楼建立了公共生活的空间与公共艺术、生态环境和文化措施,帮助建立公共设施,提供非农业就业机会,增强农村生活的吸引力,从而有效地阻止农村人口大量流入城市。② 公共艺术传达的公共文化是生活理念,而不同机构由于角度不同,接受的形式、内容也不同,传统雕塑、壁画、建筑成为政府对公共文化的认识而不仅仅是一个作品,成为可以让一代人传承的文化现象、公共精神,它不是局限于一个标志物或纪念碑,而应该是文化现象的积累,这个文化现象也就是生活积累。南张楼村委会针对德国不同理念和村民的实际情况,制订切实可行的方案,最了解乡村文化的村委会更符合本土的观点,确立的公共艺术更符合群众的实际情况,没有袁祥生这样具有开阔

---

① 袁祥生.一个农民的德国情缘——青州南张楼土地整理农村发展项目纪实[M].北京:中国文联出版社,2007:231.
② 袁祥生.一个农民的德国情缘——青州南张楼土地整理农村发展项目纪实[M].北京:中国文联出版社,2007:81.

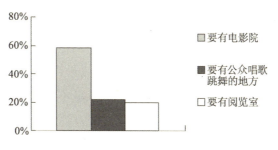

图 4-7 公众需求状况及要求(1)

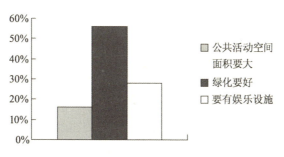

图 4-8 公众需求状况及要求(2)

眼界和深入了解本村情况的基层领导人,南张楼村的公共空间环境和公共文化建设是难以实行的。

社会批评为公共艺术建设提供不同的视角,社会批评是针对公共艺术的辐射作用产生的影响而出现的评价,社会批评是针对如何建设、产生何种影响、如何产生良性生态文化而提出的批评。南张楼村公共文化带有明显的地域特征,包括生活方式、方言等,它必然是从属于一定区域、具有特殊内容的社区文化。社会批评从更高的角度来审视公共艺术,从特定的立场、观点出发,对艺术作品进行分析比较,挖掘作品从形式到内容的意蕴,或寻找作品与历史、文化、社会之间的关系,并在这种关系中来分析、阐释艺术作品的意义和价值,从社会和公共艺术的角度对乡村文化展开历史性批评,这种历史性批评针对的是南张楼不同时期的文化遗产,如魏晋以来考古发掘的雕塑艺术、明代的绘画艺术、1840 年以来的殖民地建筑、由不同宗教形成的宗教建筑,这些当地的历史文化是区域性文化的代表,南张楼村也不能离开这种背景,当代社会的进步、现代文化的介入,使公共艺术从清代以来的繁杂装饰转向形式简洁。社会历史批评离不开社会的发展,从20世纪80年代以来,艺术与生活的关系密不可分,成为一个大众的话题,与艺术大众化息息相关的就是沟通人的情感、思想和认识,虽然在传统中这种作用依然存在,但是不能像当代这样进行针对性研究,从而更加关注艺术与社会之间的关系。公共艺术的基本前提是公共性,在一个连基本说话权利都受到限制的社会,在一个公众表达自己的观点和意愿都不能得到保障的社会,是没有公共艺术可言的,公共批评是综合性的,目的只有一个,即建设美好的农村社区。

公共艺术的批评是建立在公民社会基础上的批评,公共意识和对农村社会真正的认识是批评的前提,居民的批评是生活体验和适应性发展动力,不同机构的批评是公共艺术的机制评价,社会批评是历史性批评。公共艺术作品真正显示的是作品的观念,这里所说的观念不是作品所传达的概念,不是对一种问题的回答,不是一种艺术理论,而是艺术与生活之间的关系。

第五章 公共参与与共同进步

——农村社区公共艺术建设

对南张楼村"城乡等值化"实验的研究,深化了我们对公共艺术与公共生活之间复杂关系的理解,而且可以总结出公共艺术在农村社区进行建设的大致规律:首先是有公众的积极参与,因为他们是接受与传播公共文化的主体;其次是发掘公共艺术在教育、美化、娱乐等方面的基本功能,建设体现地域化特色的公共艺术,既要区别于其他区域的文化景观,又要广泛吸收中西现代艺术的有益成分,保证公共艺术的良性发展。其中,公众在参与公共艺术的建设时,既是主动改变又是被动接受的,主动是积极地改变与反思,被动只是接受。在此基础上,通过对南张楼村公共艺术的研究,我们认为,还可以为农村社区公共艺术如何建设提供一种思路。

一、公众参与的农村社区公共艺术

公共艺术在南张楼村的一个最根本的作用,在于改善居民的精神生活和公共文化,居民的需要是公共艺术建设的前提。公众参与和如何参与以及公众需要、评价是公共艺术设立的关键,村民自治与全程参与使南张楼村公共艺术产生良好的社会效应。国外公共艺术建设公众参与体现出公共性,有的还拨出一定的经费用于公众参与,如达拉斯市用市政建设总费用的0.25%作为公共参与、参观、展示、讲演及研讨的费用,目的是避免独断专行带来的弊病。南张楼村公共空间环境建设在1988年以前具有自发性,与城市不同的是南张楼村公共艺术包括公共建筑、雕塑、壁画,民间美术等由民间艺术家和居民参与制作,公民参与是自发的。"城乡等值化"实验提供了一个值得借鉴的经验,即公众参与。"破四旧"时期是对历史传统、公共建筑与民间艺术破坏的时期,改革开放以来社会、经济的发展使得居民越来越认识到传统文化的重要性,公众的话语在乡村社会中得到重视,从国家、政府层面加强村民自治,使居民建设自己的家乡,公共参与和需要成为公共艺术建设的第一要务。

公共艺术与"人"是互动关系,它的作用离不开人的参与。农村的主体是广大的社区居民,因此,必须考虑群众需要什么样的公共艺术,需要什么样的公共空间环境,公众的期望成为建设的目标。相对城市来说,农村具有稳定的社会结构,公众参与是建设中的大问题。德国农村建设中坚持公众参与,两个基本原则可以理解为:公民参与和土地管理(图5-1)。伟大的建筑师和包豪斯建筑学派的创始人瓦尔特·格

图5-1　村民参与是成功的关键

在德国巴伐利亚州,凡是与村民相关的事务,都要有居民全程参与,居民参与保证项目在实施后得到公众的认可。

罗皮乌斯曾经说过"人是所有规划的核心",这在德国是乡村发展中公民参与的基础。在南张楼建设过程中,公众参与是项目制定和发展的基础,作为管理部门不能"自上而下"地发布命令,而应起到推动、促进、支持的作用,这是欧洲区域农村合作发展和南张楼村顺利实施项目的先决条件。在南张楼实验的初期,公众参与建立在公民社会的基础上,在20世纪80年代以前,南张楼村群众的参与方式建立在政府主导的基础之上。德国农村社区的做法是对社区整体建筑的造型与色彩做相应的基本规定,在大的框架之内公民有相应的自主权,并不是无序的建设,形成风格近似却具有不同个性的建筑,包括建筑的色彩、雕塑和壁画等。民间艺术活动是公众参与的重大活动,如何引导成为关键,如果没有居民的参与,公共艺术会成为个人的决策,难以与大众产生互动,难以成为联系的纽带,没有大众的参与,公共艺术就没有设立的必要,这是提出公共参与重要性的原因。

农村公共空间是群众的生活环境,"城乡等值化"建设成功的重要因素就是强调公众的参与,尤其是居民的参与。全民参与是赛德尔基金会的一个宗旨,在这个宗旨下可以调动更多的人力资源,例如居民自己动手,可以明确目标、有效地实现发展计划;操作行为透明度的提高和共同参与,可以让百姓也有机会对自己的家乡建设提出自己的想法。居民参与、自觉建设家乡是南张楼村发展的一项基本原则。如果村民愿意并且能够参与建设自己的家乡,他们就会对自己所取得的成绩感到满意,因此,农村发展项目是根据村民的目标、愿望和想法来建设农村和乡村景观的,积极性高、有自我负责意识的村民对于正在改革中的乡镇而言是不可缺少的,在德国农村社区居民参与方面,我们可以借鉴的主要有:

① 村民要了解村中事宜,调动其积极性。
② 参与举办的村庄革新和农村发展的课题研究。
③ 勾画蓝图,树立理想。
④ 促进包含自我负责意识在内的社会文化发展。
⑤ 协调工作组、村庄和土地问题的讨论活动并提供专业指导。

⑥ 与村民共同完成项目的实施。
⑦ 规划者与农民之间展开对话。
⑧ 制定适合村庄、使农民满意的制度与问题解决途径。
⑨ 在资金上支持居民参与。
⑩ 由专业人员带领参观类似项目。①

村民参与首先是让村民认识到自身存在的问题并参与解决,这种研究方法具有很强的针对性,有利于村民树立家乡文化观念和热爱家乡的思想,政府各部门的引导和各种专业应结合,因为政府制定的政策与每一个村民都息息相关,资金方面对村民的支持能使村民参与的热情提高。在村民参与方面,巴伐利亚州的经验是研制发展战略时要想获得必要的成功,群众参与必不可少,成功与否关键在于公民是否愿意参与;自我救助的意愿激发了他们的动力;要让群众找到共同的目标和道路。马格尔教授将这一原则带到了南张楼村,创造不同特色社区的文化景观是未来的潜力,必须将农村地区的特点用于自身的发展。② 在南张楼村,文化中心的作用就是让每一家都有代表来参与村庄建设,村民是首要的专家,他们应该能够让他们的经验和愿望纳入决策之中。同样,南张楼村鼓励和支持农民的业余文化体育活动,精心组织农村传统节日活动及群众喜闻乐见的花会、灯会等文化活动,并利用文艺会演、书画展览、体育比赛等多种形式,为农民参与文化体育活动创造条件,推动农村群众性文化体育活动的开展。从现实经济状况特别是农村发展情况来看,目前正处于从"农村工业化"向"城乡工业一体化"发展、"农村城镇化"向"市镇要素配置一体化"发展的过渡阶段,城市和农村景观越来越融合,人们住在农村地区却从事城市活动并享受城市文明,空间经济的这些新的变化趋势,表明城乡联系已经成为当今区域发展的主旋律。沈关宝教授认为:"中国的'公共空间'并非与国家权力相对立,而是国家权力与民间力量的协调,共同营造安居乐业的社会

---

① 资料提供:土地整理与村庄革新办公室主任袁普华。
② 李奥哈德·瑞尔.农村地区的居住区和居住 2007[C].慕尼黑国际研讨会文献汇编:51.

环境。"城市能够得到的精神生活在农村也应该得到,在封建专制的社会并不存在公共性问题,少数人决定多数人的生活状态,与此相反的公民参与是民主、开放、可以自由讨论和相互交流的。由此看来,建立公正合理的制度,使群众乐于参与和热情参与,在公共艺术引导公众的生活方面,不仅仅是内容与形式的问题,而且是公民意识的问题。公共领域的艺术与文化权利理所当然属于社会公众,公共艺术最重要的标志是艺术建设的审议、实施及管理是建立在社会公众参与的基础上的,社会批评的公开参与、各方面的监督、合适机制的建立,尤其是公民参与,是良性发展的基础。

南张楼村建筑、雕塑、壁画、民间艺术和公共空间环境在公民参与方面,首先是政府机构的重视和引导,政府机构合理的建设机制是发展的前提,在乡村社会,政府的眼光和引导对成败有关键作用。"城乡等值化"项目在南张楼和在四川等地的实施也遵循政府引导的原则,群众参与和群众满意是关键。其次是不同研究机构和村民参与的结合。在英国的社区建筑师运动中,建筑师深入社区,与社区居民一起来进行环境建设,这是专业人员和居民的共同建设,目前在潍坊地区采用的是由当地规划部门计划好方案直接让村民选择的做法,村民真正参与其中的程度有待进一步加强。加强村民的全程参与,包括村民自身存在的问题如何解决,如何建设和建设成何种形式,如果没有村民的参与,会失去根基,会失去村民的热情,会出现与公众生活脱节的情况,村民自觉参与、热情参与、全程参与真正体现了公共艺术的公共性(图5-2)。

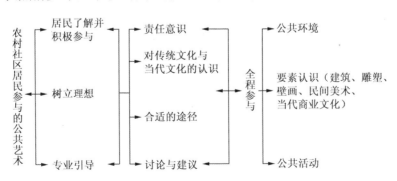

图5-2 农村社区公共艺术居民参与方式

二、教育、美化、娱乐与农村社区公共艺术

公共艺术的教育、美化、娱乐功能是其基本功能。通过公共艺术使村民对地域文化产生认同,并改善公众关系,使建筑、雕塑、壁画、公共环境起到相应的作用。公共艺术在农村社区包含了更多的延伸功能,在环境建设中审美的空间环境主要是形式问题,与村民的观点和文化素质有关;教育功能是公共艺术传达的思想观念,如传统的牌坊是对"忠""孝"的赞扬;娱乐功能提供了公共空间活动的交流环境,农村社区以熟人社会为基础,交流环境的改善反过来影响到公众的观念,对村民的传统文化和思想观念有重要影响。

公共艺术的美化、教育、娱乐功能体现了农村社区环境和"人"改变的问题。建筑、雕塑、绘画在中国传统村落公共空间建设中起到重要作用,美化则通过艺术来实现,随着社会的发展,传统农村社区的公共活动空间有的变成商业活动空间,有的萎缩甚至消失。随着社会生活水平的不断提高,居民对生活环境的要求不断变化,公共空间环境成为重要的公众需求。村镇中心与周边地区的社会福利、生活工作条件必须具备,以增强其吸引力。基础条件的改善是环境改变的基础,环境美化要对农村居民有吸引力,农村社区的文化事业要整体发展(图5-3),公共艺术是对农村传统文化和伦理道德观念的传达,通过公共空间和公共艺术丰富群众的精神生活。

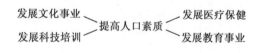

图5-3 农村发展总体要素①

---

① 根据山东省与巴伐利亚州双边学术研讨会概括。

中国传统村落的发展也是传统文化观念的演变过程,公共艺术和空间形态是儒家文化的体现,长幼尊卑和附着在建筑上的壁画具有相应的教育功能,作为环境要素的雕塑具有美化环境的作用,民间活动中的公共空间和公共艺术有相应的娱乐功能。社会的发展对此提出新的要求,有的已经难以适应当代社会的状况。国外农村社区中的公共空间环境是进行社区活动和交往娱乐的重要空间,其中相应的设施为此提供了条件,甚至包括建筑的色彩、绿化、标识等。当代艺术的发展是把它作为一种环境要素,公共艺术成为一种公共环境,像康定斯基的室内壁画、马蒂斯的剪纸艺术等,大地艺术、波普艺术的出现更是把公共艺术观念融入环境艺术之中。20世纪70年代后更是把艺术作为公共空间环境中重要的元素来美化环境,对公众观念起到引导作用,甚至包括建筑小品等整体空间环境。中国城市公共环境已经重视相关的作用,而农村社区公共空间也具有相关的功能,只是认识尚不全面,注重公共艺术在农村社区的教育、美化、娱乐作用,增强社区居民的凝聚力,是提出该问题的前提。

  公共艺术教育、美化与娱乐的作用,要与农村传统文化和传统观念相结合。公共艺术在农村建设不可能没有根基,而是要与民间生活、农村思想观念和农民认可的形式相结合,传统建筑、雕塑,包括民间艺术家的创造不能离开传统观念,村民对公共艺术的认可是逐渐发生的,跳跃式的发展会导致公众对公共艺术的冷漠。装置艺术或观念艺术对于村民来说有些难以理解,只有与生活结合的公共艺术才能与公众生活产生互动。南张楼村公共艺术把公共文化的普及、承载的传统文化、对新观念启蒙的加强作为推动大众学习、娱乐和改造的手段,公共艺术的启蒙作用是引导居民形成新的生活,扩大了其本身的形式范畴,相应地,美化作用同时得到体现,不能脱离公众本身的生活环境(图5-4)。

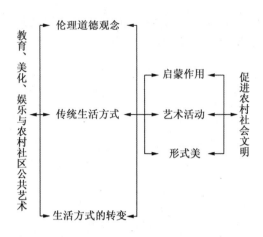

图 5-4　教育、美化、娱乐与农村社区公共艺术

公共艺术要有形式美才能引起公众的兴趣,不论建筑、雕塑、壁画还是民间艺术,形式美是居民认可的方式之一。农村思想文化的局限性使农民对公共艺术的认识受到限制,在南张楼村,公共艺术对环境的改善使群众接受了它,对生活更好的愿望产生更多的需要,年轻一代也提出更多、更高的要求。公共空间环境、文化活动中心改变了南张楼村民原来的生活,原来人们吃晚饭后多是在家里看电视、睡觉等,现在可以到活动场所活动一下,相互之间有交流,最起码见的人多了。① 居民对空间环境的认识促使南张楼村建设更多的公共空间,包括原来不太注意的地方,如街道、门口等。在农村社区,要促进社会理念、文明程度的提高,促进社区的和谐,公共艺术的特点会有效地让居民认识空间环境,问题是公共艺术的作用是被逐渐认识的,是从无到有的过程,通过与城市公共空间环境进行比较,村民的愿望会更加强烈,所以,公共艺术如何建设、如何了解传统文化成为建设的关键。

由此可见,加强农村公共艺术的教育、美化与娱乐功能,首先建立在了解农村居民生活的基础上,了解居民的思想观念和对生活的认识,

---

① 根据 2008 年 11 月 20 日笔者对南张楼村村委会主任袁崇永的访问整理。录音整理者:朱珠。

公共艺术建设才能有的放矢。作为公共空间环境要素,公共艺术要有形式美,这种形式美是建立在公众认可和符合时代特征的基础上的,公共参与和艺术家(包括民间艺术家)的参与才能达到相应的目的。公共空间环境的改善和公众的交流是活跃大众生活的手段,居民在公共空间中有足够的活动,才能达到艺术与生活的结合。

三、具有地域化特色的农村社区公共艺术

农村社区建筑、雕塑、壁画、民间美术是地域文化符号,在人们的生活中扮演着重要的角色。"地域"这个概念具有较大的延伸性,它可以是社区、城市、乡村,甚至是民族、国家;具体的社区、城市、乡村、民族、国家都有特殊的自然、人文环境,它构成人们从事各种活动的背景。公共艺术离不开特定的地理、人文环境,它的设立总是针对特定的区域的,这个方面农村社区表现得更明显。"地域性"问题对于公共艺术意味着艺术创作的表现形式、物质原料、工艺方法、表现题材和文化精神等,实现与本地区的自然和文化元素的内在关联与融合,地域性文化不仅是地域形象的展示,而且是一种文化与形象心理的表现。公共艺术是一种文化表达,是一个综合的、抽象的概念,是人们在该区域自然地理、人文历史、社会发展等诸多因素作用下所形成的一种主观上趋同一致的反映,是构筑某区域社会文明程度的一个显著标志,反映着当地的人性需求与自然的和谐,区别于其他地方的气质、风度与涵养,是具有归属感的"场所精神"。具有浓郁历史沉淀的农村聚落在现代社会的节奏中更应该做到传统文化与现代文化的契合。20世纪以来,现代主义的泛滥使得中国传统地域特色和地域文化趋于同化,出现南北一面的局面。南张楼村强调地域特点是发挥特色文化,以区别于其他文化区,在对社会并不增加经济负担的情况下,加强人文修养,通过观念意识的改变加强社会凝聚力,从而形成特色鲜明的地域文化,这在农村社区具有重要的意义。

地域特色最初的形成是源于过去那些信息闭塞、内向封闭的时代，人们世代定居在一个区域内，独特的自然条件、地理环境和民俗习惯，必然产生与之相对应的艺术语言。本土建筑更是重要的视觉语言，这种深深扎根于本土的艺术符号，往往受到自然环境、经济能力、技术水平及交通条件的限制，依赖于当地材料和匠人及时代的审美意识，因而不同地域具有各自鲜明的特征。科学技术的发展使建筑可以超越其所在环境和地域的限制，现代交通运输使所谓的"因地制宜""因材而用"的范围有所扩大，全球化无所不在的影响使得人本身及其生活习惯愈发趋同，从而使公共需求的地区性特征愈发模糊。

地域特色的视觉文化受到社会意识和社会变革的影响，中国农村家庭伦理、道德观念在商业文化的冲击下逐渐转变。改革开放以来国外及商业文化影响至深，传统审美的积淀，经历了数千年的形成过程，具有极为深厚的文化内涵和人文精神。20世纪80年代以来社会快速发展，经济逐渐主宰了人们的生活，包括艺术在内的精神文化领域的方方面面都围绕着功利性色彩而争相取宠，甚至中国传统的美学思想都面临着何去何从的讨论。中国传统美术自成体系，自原始社会开始，其演变与发展一直是在继承、融合与扬弃的基础上进行的，具有一脉相承的特点，当中国打开封闭的大门，面对国外热闹纷呈的艺术景象，中国传统文化犹如站在十字路口。世俗和商业化操作也正在影响着中国的传统艺术，创造过程也逐渐流于程式化、商业化，愈发崇尚简单速成，丧失了往日独一无二的特性，中国传统的地域文脉的"同质化"开始弥漫，各地区面临着自我主体意识消失的问题。农村社区的传统公共艺术也不能脱离这种大环境的改变，具有民族特色与历史价值的房屋宅舍被夷平，取而代之的是统一模式，排列整齐的砖瓦楼房，使人们逐渐失去细细品味的时间与耐心。在公共艺术失去了其内在传统之后，表面形式的模仿失去了精神，含蓄、隐秀等传统审美、视觉文化范畴迅速摧毁，表现出一种空虚气氛和形式模仿。"城乡等值化"实验项目中的村庄革新是巴伐利亚州成功的理念，它对农村中的每一个居民都有利无弊，其目的是保存村庄独特性格和有生命力的家园，推动可持续发展，因为有生命力的村庄是农村地区的基石。由此看来,厘清模式化问题和增强居民生活归属感的方法是提出地域特色公共艺术的原因。

中国传统文化,从先秦时期到清末,由于交流与交通的原因,地域形象十分鲜明,中原地区的窑洞与黄土一致的色彩,长江流域粉墙黛瓦的形象符号,新疆、西藏等地的民族特色,不仅代表了各地区的形象,而且在现代经济发展中起到重要作用,分别作为重要的视觉文化为大家所认同。区域性特色究其本质是人类心灵归属的一种场所感,强大成熟的地域文化使人们心理上产生自我认同的自豪感,它的形成离不开三个主要因素:一是地理环境与自然条件,二是历史遗风及生活方式,三是民俗礼仪、风土人情和当地用材。这些要素相互影响,决定着区域性的形成和发展,在当前外来文化的冲击下,区域性特色能够培养当地居民的审美意识,增强对自我的认同感。挖掘本土传统文化内涵,作为建设者更应该具有挖掘传统文化内涵的能力,并应用到规划、创作当中,摒弃简单的符号附会,认清传统文化的内涵。公共艺术有诸多影响,城市中的视觉形象也借鉴传统地域特色,如深圳第五园中完全借鉴了宏村的整体方法,建筑色彩采用了简洁的粉墙黛瓦,是传统艺术影响现代建筑的典型。传统建筑色彩在使人们认同区域文化方面具有重要作用,在现代流通范围扩大的情况下,社会归属感可以让人们对生活方式产生认同。

挖掘传统资源并强调地域特色,公共艺术与现代生活结合是适合的途径。在视觉文化趋同的今天,人们更愿意在极具特色的环境中找到与自身生活截然不同的形象符号,丰富自己的心理补偿、情感寄托。里查德·费劳认为:"地域文化更多的是指一种感情,而不是一种风格,地域色彩总是一种反动态的,一种抵抗建筑学的,我总是喜欢它。"地域文化的表达则是指通常意义上的地域主义,通常采用地方符号与象征,甚至方言、地方风貌、民风、民俗。詹克斯认为地域作为地方情结的表达,往往是具有传统文化底蕴的,并非是表面化的。采用现代工业材料和理性、含蓄的表现手法,把地方精神融入现代材料之中,充分了解当地的自然环境,包括气候、地质条件、地方材料等。在深层结构上,地理环境决定了文化和它的表达以及习俗礼仪。另外,技术也是影响公共艺术的重要方面,中国自古沿袭匠人之制,技术的重要性不言而喻,地域主义认为对技术应该采取合理利用的态度,技术的发展应从单纯地追求经济目标向追求社会、文化等多种复合目标发展,技术本身并不是目的,而是建造与人们情感需求相适应的东西的手段。营造区域特色过程中应强调技术在当代发展中的地域性回归,即在积极接纳和倡导先进技术的同时,以地域社会的需求为立足点,进行比较和选择,强调技术与地域的自然条件、文化传统以及经济发展的协调。

传统文化的保护一直是学者与研究者非常重视的问题,但是传统公共艺术的保护只针对部分地区,当代农村有大量散落的传统建筑,它们对周围居民产生影响,在具体保护中没有受到足够的重视。关于色彩的地域性审美,法国著名色彩学家让-菲力普·朗科罗提出"色彩地理学",他强调:"色彩是个丰富而生动的主体,它是一种符号,一种形式,一种象征,也是一种文化,从地缘及文化学的角度来审视、考察和研究相关问题。正因为如此,不同区域由于所处地理环境、气候条件和人文景观的不同,也就产生了各自独有的色彩体系。"[①]南张楼在德方的建议下采用传统的绿瓦白墙,但是在建设过程中学习欧洲装饰,致使其失去了特色。袁祥生介绍说,如果有机会把南张楼建筑和色彩特色加强,要以传统园林和亭廊形式为主要的空间元素,在其他的公共艺术方面继续延续地方特色,加强雕塑和壁画在空间中的作用。虽然现在南张楼村在很多方面不尽人意,除了主要街道和文化区外脏乱差问题依然存在,居民住宅内部并不协调,但是在总体理念的指导下,南张楼村的地域特色必然对整个村庄产生作用。除此之外,现代文化和现代生活观念也要注入公共艺术之中,反映公共艺术在当代农村社区的状态,结合当地风俗、传统和视觉文化,加强对地域特色的理解。

南张楼村加强地域特色建设对加强地域形象、地域资源、当地居民生活的凝聚力和视觉文化的心理补偿具有重要的意义,这需要各

---

① 肖锐,符宗荣.建筑色彩设计的地域性、民族性、时代性分析[J].重庆建筑,2004(5).

个方面的努力,包括政府大力扶持农村建设中区域性特色的规划设计,保护和改善当地的生态环境,保留自己的文化特色,而不是大规模地拆旧建新。加强保护并非对原来的复原,而是从传统公共艺术中提取有用的元素,并非照抄照搬,政府和相关部门的引导有利于视野开拓;提高艺术家(包括民间艺术生产者、民间艺人和农民)的审美能力、创造能力和文化素养,培养当地村民的文化自豪感和归属感。目前,在资讯发达的情况下,获得信息更快更方便,南张楼村依靠农民自己的经验和"工匠"方式不能适应当前的发展,农村人口的流动使接受外来文化速度加快,使得南张楼村"城乡等值"和"人"的建设理念进一步增强。农村社区公共艺术创造者应该深入农民、农村之中,真正了解农民的想法,了解农村的传统,了解农民的生活,了解老、中、青不同人群的想法,这样才能够真正创作出符合农村实际情况、农民能够接受、符合地域特色的公共艺术。充分利用现代化的先进技术并提炼乡土中的适用因素融入公共艺术,在保留当地审美趣味的同时,又能很好地保留当地的文化,是在南张楼村对地域文化保护与公共艺术特色建设的有效途径。加强农民在地域文化方面的认识,这也需要政府和相关部门的努力,使得农民真正从中受益,这种受益是长远的,心理的归属感也是长远的,能使得地域文化的生态性得到发展。袁祥生说:"在这点上我要承认德国人是对的,他们的观点我们现在才认识到,没特点的就是没文化的,有一次在北京昆仑饭店会谈,德国专家对着我们王部长就说,今天在昆仑饭店会谈,电视播出来说在东京也行,在纽约也行,都是玻璃幕墙,高楼大厦嘛,但是世界上唯一出现的天安门,这就是北京,这就是中国,搞改革开放不要什么东西都引进,把自己好的东西都扔掉了。"[1]

南张楼村社区的公共空间与公共艺术其地区形态并不一致,和其他文化区相比有不同的自然风景和风情,形成由个体村庄向外扩散的

---

[1] 根据2006年11月26日中央电视台《面对面》节目主持人王志对袁祥生的专访录像资料整理。录像资料提供者:南张楼村长袁祥生。

影响，这也是地域文化形成的一个特点，这种特点发生在有相同特点的方言、生活模式的区域，南张楼公共艺术也带来这种影响。特色村主要是指具有历史文化、自然资源和产业优势的村庄，对具有悠久历史文化和传统民居特色的古村落加强保护，传承历史文脉。对自然环境优美、具有丰富文化资源的村落注意保护和开发，促进人与自然的和谐发展。对南张楼这样的村庄进行传统文化的挖掘，形成地域文化的中心源，特色建设不能盲目模仿和抄袭，南张楼村庄西入口处的道路两旁建造了几栋漂亮的欧式洋楼，村里很得意，德方却不以为然，认为中国农村没有必要盲目模仿城市的东西，更不应该建造毫无传统的西方建筑，村里的青砖红瓦更实用，更具有中国特色。装饰特色则包含了从建筑到生活用具的方方面面，文化中心被德方称为"建筑垃圾"，博物馆具有中国特色，内容和形式得到很好的统一，获得高度赞扬，民间文化也是公共艺术的资源，无论是公共艺术自身语言还是文化内涵的差异，抑或是为了其所在社区居民的对话，农村社区公共艺术都应注重对各种地方文化的研究、利用和发现。因此，农村社区的地域特色既不能抄袭城市公共艺术，也不能照搬外来的样式，深入挖掘传统艺术并和当代文化相结合才是发展之路(图5-5)。

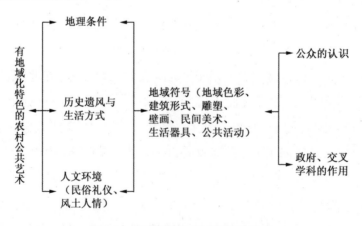

图5-5　公共艺术地域特色建设方式

四、生态文化与农村社区公共艺术

生态文化即文化的可持续发展,农村社区公共艺术的生态也需要良性发展。文化生态是利用生态学的观点研究人与环境之间的关系,既研究地理环境在文化发展中的作用,也研究文化对地理环境的反作用。在农村社区公共艺术的发展中同样包含了地理环境、人文因素对公共艺术的认识;同时也包含了公共艺术对环境、地理文化的影响。公共艺术对环境和环境对公共艺术的影响因素,自然环境和人文环境,自然气候、地理环境、人文环境的传统文化,是和当代文化相结合的演变过程。公共艺术的生态发展是与环境和谐发展。公共艺术在农村既要传承传统文化又要接受外来文化,这与村民生活的转变有一定关系,是全方位的发展而不是单一的。南张楼村公共艺术的发展,从土台子、黑灶台到建设文化中心,传统建筑和外来建筑样式结合,视觉文化转变,商业文化介入,一方面是因为社会的变革,另一方面是因为公共艺术和社会进步的同步发展。

关于如何定义可持续发展概念,至今仍存在意见分歧,但对它的主要内容的主张已经成为共识,即可持续发展的核心是追求代内公平和代际公平。所谓代内公平,是指同时代的所有人之间的公平,任何人都不应该采取以牺牲他人利益为代价的行动;所谓代际公平,是指不同时代的所有人之间的公平,任何当代人都不应该采取以牺牲后人利益为代价的行动。[1] 同时代所有人之间的公平,在城乡等值化中主要是指农村居民和城市居民享受到同等的精神生活,公共空间环境、公共艺术成为联系公众的纽带,传统与未来的公共艺术与生活不只是部分人群的利益。"人"的建设和公共艺术建设同步,公共艺术和当代生活、传统文化、生活理念结合,追求同时代之间的公平,为后代打下公共艺术良性

---

[1] 韩俊,刘振伟.邓小平农业思想概论[M].太原:山西人民出版社,2000:434.

发展的基础,而不是掠夺,这是生态发展的重要因素。在德国农村,公共艺术不是单独存在的,这样更容易解决个别居住区面临的问题,口号是"我们一起更强大"。邻近乡镇农村地区,共同努力,自愿互补互利,在这个过程中为自己确立目标,寻找发展机遇,进行节能规划。① 南张楼村"城乡等值化"实验中注重团结合作,强调对农村社区公共艺术的传承和地方文化的发展。公共艺术生态的发展不只是技术问题,也涉及意识形态和对待可持续发展的态度,加强农村社区公共艺术可持续发展是问题提出的原因。

农村社区公共艺术生态建设首先使公众认识到公共艺术对生活的作用。农村文化的提高就广泛的含义来讲,应该是指农民素质的提高,包括文化素质和科学技术素质两个方面。文化素质对基础教育水平有一些要求,包括保持农村的优良文化传统,确立良好的道德风尚,形成团结、和睦、友善的人际关系以及丰富多彩的文化生活。在等值化德国农村,农村发展中要维护其独特性、多样性、美丽的景观,塑造农村的未来,这包括发展人居系统、地区的生态环境、新的群落环境、种植防风林、草地、景观池塘,以村庄的土地管理和生态恢复,使村庄的自然生物再生,营造绿色地区和植树造林有助于形成接近自然的状态或重新建立村庄的溪流、池塘、墙壁以及建筑物,在建成区和开放的草地之间创建绿化带,形成宝贵的网络。② 南张楼村公共艺术的生态与自然环境的生态是一致的,并不冲突,自然保护和社区的环境美化考虑到未来的发展需要,公共艺术的建设带有明显的时代性,计划的制定和实施也通过当前状况分析来确定,同时考虑到不同时代的适应性。农村建设公共生态文化要通过一系列切实可行的理念和方法达到目的,在德国,农村的生态文化和公共艺术中的措施有:

(1) 建筑和生态领域:① 规划和概念;② 设计的街道和广场;③ 适合农村的设备与文化,休闲和放松的设施;④ 恢复及接近自然

---

① 资料提供:中德合作培训中心袁普华。
② 资料提供:中德合作培训中心袁普华。

的水道和乡村池塘。

（2）社会和文化领域：① 研讨会和宣传、培训公民；② 支持措施；③ 设施适合农村发展，支持社会发展（如社区中心、教堂）；④ 安装和维修小纪念碑，路边的神龛、喷泉；⑤ 保护和恢复有历史和文化价值的花园和空地。

在德国巴伐利亚州农村社区，关于公共空间与公共艺术如何建立有明确的规定，建筑、雕塑、绘画和民间美术是公共艺术在生态文化上的载体。对公共性历史文化及艺术遗产维护利用，根本目的是维护文化艺术生态的多样性。对公共艺术的总结并非只是简单的概括，在生态化的公共空间中，在遵从自然法则和维护社会公共资源及利益的前提下，使公共艺术及展示手法尽可能地与绿色生态的构成元素达成和谐、无害的关系。理想的居住社区与特定的民族文化密不可分，公共艺术的多样性和互补性体现了思维模式和价值观念，并且对居民提供相关的判断标准。在中国农村生态文化包括公共艺术的建设中，认识大多集中在生态设施的建设上，没有形成相关制度，是局部的和零散的（图5-6）。由此可见，公共艺术生态发展受到地理环境和人文环境的影响，公共艺术又影响环境，生态发展强调社会的公平，其中公共空间环境是传统艺术与当代文化观念的结合，形成合理的建设机制，并且建立、发展具有特殊意义的艺术（如由于宗教信仰形成的艺术）。同时代人公平享受艺术作品带来的精神生活，是公共艺术适应当代的发展；传承传统艺术和适应未来发展的公共艺术，

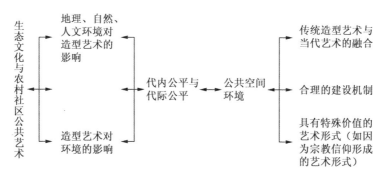

图5-6　农村社区公共艺术与生态文化

这两个方面可以概括农村社区公共艺术的生态发展。

南张楼村公共艺术建设中的主动是村民积极参与公共艺术并且成为公共艺术建设的主体,被动是居民对公共艺术的接受,如何变被动为主动是南张楼村社区公共艺术建设的关键(图5-7)。被动接受是目前农村公共文化建设的弊端,南张楼村从被动接受到主动改变是建设公共艺术良性发展和适应时代发展的过程。在农村社区公共文化中,主动是积极参与;被动是消极的反应,并且容易出现村民反感的公共艺术,出现公共文化和公众观念脱节的状况。农村社区主动与被动方式的转变,可以使公共艺术更符合时代发展,为社区居民所接受。主动是建立在公众主动意愿的基础上的,是积极对生活环境和文化环境的反思。中国农村社会的发展是在传统文化影响下逐渐进行的,儒家思想、长幼尊卑观念影响至深,长期以来形成的被动接受使公众难以积极主动地面对问题,包括自身生活的环境和公共艺术。通过对问题的发现与反思,公众能够提出问题的解决方法与思路,符合时代的变化。被动则是居民由于文化素质、审美、需求等限制而产生的一种消极的反应,传统乡村公共文化体制,在制度上的意义代表个别人的利益,价值取向、思想观念、行为模式、文化因素影响着教育和制度变化,参与者往往没有注意到这一点。在"城乡等值化"实验中加强这一原则的贯彻,以行政为主体而不以公众为主体会出现消极接受的情况,这种消极接受产生的公共艺术容易让公众反

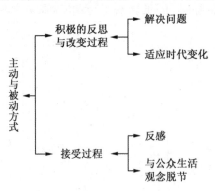

图5-7 南张楼村公共艺术建设中的主动与被动方式

感,出现与实际问题脱节的问题并反复,不能适应当代农村社区的发展。

赛德尔基金会总干事的观点或许能给予我们一些启示:南张楼村农村发展项目成功的基点,是使得面向未来的发展走上正轨,使得农民产生能动意识。能动意识正是中国特别需要的,具有能动意识的公民能将命运时时刻刻掌握在自己手里,因此,为了山东和整个中国的前途,南张楼村的经验值得广泛效仿。[①] 强调每个人的作用即强调群众主动和问题意识,公共艺术形式和内容符合实际情况并有前瞻性眼光,每个人都应该承担责任,因为只有居民参与,政府做出相应的引导,帮助村民体验到它的社会意义,建设自己的生活空间和环境,才能产生良好的社会效应,才能真正做到生态的发展。南张楼村的合作项目起到三个作用:(1)更新了人们的思想观念,开阔了视野;(2)学习了先进的方法;(3)通过出去与进来,推动了目前国家推行的新农村建设。[②] 内外交流和思想观念的转变是公共艺术、公共环境建设的前提,必须弄清的是公共艺术是对现实生活的真实反映,它总是在一定立场或意识形态的指引和调解下进行的,符合社会发展和文化观念与意识形态是主动改变,而脱离了本土的地理和文化环境会变得被动。农村往往处于传统的生活及价值系统中,农村居民价值观具有较强的乡土、社区和家庭取向,因此,加强政府、不同专业之间的引导,以农村社区群众为主体,是对公共艺术的发展,是一种公共空间环境的艺术生产。强调主动意识也是公民社会建立的条件,只有这种公民社会建立了,才能讨论公共艺术的公共性。公共领域首先指我们的社会生活的一个领域,在这个领域,公共意见才能够形成,原则上向所有公众开放。公共领域是国家、社会之间的公共空间,它建立在自由发表意见和相互平等对话的基础上,因此有形的公共艺术和公共性的民主社会是农村社区

[①] 袁祥生.一个农民的德国情缘——青州南张楼土地整理农村发展项目纪实[M].北京:中国文联出版社,2007:242.

[②] 根据2008年11月20日笔者对南张楼村村委会主任袁祥生的访问整理。录音整理者:朱珠。

公共艺术发展之路。

从以上论述来看,在农村社区的公共空间、公共艺术不只是一个艺术问题,而且是一个带有社会问题的艺术问题,不能简单地以公共艺术或纯艺术、民间艺术来进行农村社区的公共艺术建设,而应以公共艺术综合发展的理念(包含建筑、雕塑、绘画、壁画、民间美术、民间艺术活动、公众观念等与艺术相关的社会政治、经济等多种因素)进行综合发展。

第六章 社会现代化进程与农村社区公共艺术发展

农村社区公共艺术的研究是综合性的，目前，社会转型带来了一系列的相关问题，首先是农村人口的流动和社会结构带来的变化，产生了空心村和城市化、土地与生存之间的矛盾，这些是农村社区普遍面临的社会问题。公共艺术在农村社区不能单纯地以一种艺术形态进行公共文化的传播，公共艺术应该包含在视觉文化的范围之内，是有形和无形的范畴，视觉形象是公共艺术的外在表现，公共性是公民社会的建立，包含公共资金、机制、措施等。公共艺术建设在农村社区不同于城市，其建设也有别于其他类型的艺术，主要表现在其存在于独特的地理环境和人文环境中。社会转型带来视觉文化和生活观念的改变，公共艺术综合发展是农村社区精神文化建设的内容。

一、社会进程与农村社区公共艺术

社会变化带来的公共艺术在农村建设的问题，首先是人口与农村社会结构的变化。进城务工等造成人口的迁移，农村年轻人进城市工作，出现老年人和妇女、儿童留守在农村的状况。在德国也面临同样的问题，最大挑战是阻止经济落后的农村地区的人口流失，为那里的年轻人提供就业机会。① 农村人口的文化素质涉及各个方面,老龄化与空心村使农村的建设存在很多问题,随着产业结构的改变,人口的就业结构发生了变化,越来越多的人口从传统产业转向新产业。在中国某个调查区域中,56%的已婚男子或父亲是外出打工人员,他们一年中只有在春节才能和家人团聚,妇女负担所有的家务,而这些每年只不过带来700~900欧元的收入。在这种环境和收入条件下,根本无法谈起生活和工作质量,这样的家庭生活肯定是不如意的。② 在新的产业中人们形成新的社会关系,对技能不断提出新的要求,相互交往产生新的价值观念,由此带来新的生活态度。人口流动带来社会结构变化,所以公共艺术应该有新的观念,扩大有吸引力的休闲设施,构建一个和谐的乡村,这就是要改善农村社区的视觉文化的原因,这增加了农村生活空间的吸引力,为居民就业或商业、企业、旅游业提供发展的空间。在工业化和全球化的环境中,人们正在努力体验扎根的感觉,人口流动和社会结构的变化是当前农村面临的社会问题之一。

另外,农村建设和改革主要是"自下而上"的,公共艺术的建设也是以引导为主,"自上而下"往往是办公室规划、实施,以政府和机构为主导。正如袁祥生所说:"1988年为这个项目,济南跑了51趟,通过跑,朋友多了;通过跑,领导重视了;通过跑,困难解决了;通过跑,路子有了,视野宽了;通过跑,什么都有了,但是实际情况是,我们是跑不起的。"③ 农村社区的群众对改善自身生活状况充满期待,掌握权力的相关部门动用社会资金建造公共艺术,占用公共集体拥有的公共场所,在名义上也代表了公众的利益,但没有公众事实上的监管与参与,难免成为权力机关的"形象工程"与"政绩工程"。④ 农村居民

---

① 艾米丽亚·米勒.我们未来如何继续相互学习并从中受益[C]//山东省和巴伐利亚州双边学术研讨会致辞讲话[R],2007:165.
② 乌苏拉·曼乐.德中农村地区的可持续发展——见证山东和巴伐利亚国际研讨会文献汇编[Z].2007:22.
③ 袁祥生.一个农民的德国情缘——青州南张楼土地整理农村发展项目纪实[M].北京:中国文联出版社,2007:6.
④ 易英.公共艺术与公共性[J].文艺研究,2004(5).

对于华而不实的公共艺术极为反感,损害群众建设的热情,建设中跑不起的问题,是资金的问题,各级村要争取资金,然而在争取资金的过程中,存在大量的不合常规的做法。其实真正落实到农村建设中的费用很少,政府部门大多把钱用在城市建设上面,真正要建设农村还是要靠村民。"城乡等值化"实验亟待解决的主要问题在于:土地整理与村庄革新的重要作用尚未得到足够的重视,人们对其了解不够全面;方式与手段应该进一步深化;农民的公众参与不够全面;政府实施的监督管理没有完全到位;经济、社会、生态效益有待加强;目前存在单一化、片面的问题。① 南张楼村"援助加自助"的做法值得借鉴,农村发展需要一个有远见的整体规划,关键在于有没有制定可行性方案,有没有倾听专家或村民的心声。② 农村社区公共文化急功近利思想比较突出,如中德合作项目在四川的试点,原来计划的时间为1年,要初步形成规模要10年的时间,然而四川当地政府部门要求在1年内全镇要基本初具规模,这在袁普华先生看来,既可笑又感到无奈。在德国,一个项目的实施需要经历一个深入调查与论证的过程,不是拍脑袋就可以决定的,长远的眼光与扎实的路线也是面临的问题之一。

  国家政策对农村建设也产生影响,如在文化建设方面,新时期"村村通"工作是实践"三个代表"重要思想、落实科学发展观的内在要求,是全面建成小康社会、构建社会主义和谐社会的重要内容,是推进社会主义新农村建设的重要举措、农村公共文化服务体系的重要组成部分,是当前农村文化建设的一号工程、深受广大农民群众欢迎的民心工程。在公共服务方面,完善以人为本的公共财政支出体系,扩大公共财政覆盖范围,强化政府对农村的公共服务,推进基本公共服务均等化。建设农村的重要内容,涉及农村政治、经济、文化、社会等诸多领域,关系到农村生产关系和上层建筑的深刻变革,具有重大意义。③ 针对出现的问

---

① 资料提供:中德合作土地整理与村庄革新培训中心主任袁普华。
② 袁祥生.一个农民的德国情缘——青州南张楼土地整理农村发展项目纪实[M].北京:中国文联出版社,2007:235.
③ 国务院关于做好农村综合改革工作有关问题的通知,国发[2006]34号。

题,唐仁健指出:从实践和群众的反映来看,苗头性、倾向性的问题主要表现在四个方面:一是有"急"的倾向;二是有"偏"的倾向;三是有"冒"的倾向;四是有"同"的倾向。① 主要是对建设农村任务的长期性、艰巨性认识不足,在工作推进上操之过急,缺乏长期奋斗的思想准备,对建设农村目标的全面性、完整性认识不够,把农村建设片面理解为新村建设,在工作中偏重于新村规划和村庄整治,对发展生产、增加收入、深化改革的任务重视不够,并脱离当地实际,超越经济社会发展水平,盲目攀比发达地区,把农村建设的目标定得过高,而且不突出特色,不区分轻重缓急,一张图纸,一种模式,一个步调。在以农民为主要对象的工作方面应充分尊重农民选择,以农民愿意不愿意、高兴不高兴、赞成不赞成作为衡量工作开展情况的主要标准。② 同时也不能以民主做形式主义的游戏,这样往往取得适得其反的效果,某些所谓的民主活动声势浩大,却没有体现真正的民意,这类游戏搞多了之后,民众便失去了热情。③ 中国农村改革发展基本目标是到2020年城乡基本公共服务均等化明显推进,农村文化进一步繁荣,农民基本文化权益得到更好落实,农村人人享有接受良好教育的机会,加强农村文物、非物质文化遗产、历史文化名镇名村保护,发展农村体育事业,开展农民健身活动。④ 农村社区中的问题可归纳为社区公共管理混乱和公共物品供应不足。具体是广大农村基础设施落后,村容村貌缺乏规划和整治;公共秩序的维持没有被纳入法制轨道;农民之间联系的纽带仍然有传统社会的特点,血缘关系、宗法关系、地缘关系代替现代法制关系,文化教育事业落后,公共娱乐局限于旧的形式;提供公共服务的机构没有明确的职能,公共机构的产生机制没有真正的法制民主基础;对农村问题缺乏综合认识——这是发展的前提和合理建设的基础。

---

① 夏珺.确保新农村建设顺利推进(扎扎实实推进新农村建设)——访中央农村工作领导小组办公室副主任唐仁健[N].人民日报,2006 – 07 – 25(04).
② 董忠堂.建设社会主义新农村论纲[M].北京:人民日报出版社,2005:151.
③ 赵凌云.拓展公共空间——我们缺少何种理念[J].社会,2003(3).
④ 中共中央关推进农村改革发展若干重大问题的决定(2008年10月12日中国共产党第十七届中央委员会第三次全体会议通过)[N].新华每日电讯,2008 – 10 – 13(06).

村庄革新特别重要的一点在于村庄的内部社会关系协调,具体涉及改造和启用闲置不用的建筑物,与此同时要修复公共活动中心,使之具有生命力,只有这样才能长期成长壮大地方面貌,同时保留村庄个性的重要部分。[①] 关于中国当代社会进程中"城乡等值化"是否适合在中国农村发展,中国社会科学院农村发展研究所研究院胡必亮在《多样化的中国村庄发展之路》中认为:将50年前在德国取得成功并普遍推广的模式在中国推广要结合实际情况,当今中国受到政治、政策的影响较大,实验目的是让农民在农村享受"同等的生活",现实是没有企业的发展就没有现在的南张楼,"实验"的提法应采用"村庄综合发展"的概念。纵观中国农村存在的诸多问题,最大、最难解决的是农民的思维问题,农民传统思维是制约农民思想解放的最大障碍,而思想上不解放是制约农民生产力和创造性的根本阻力,转变思想成为农村社区建设中的关键,观念的转变和社会责任的醒悟是中国公共艺术事业得以长足发展的重要前提之一,这也是本研究的中心论题。

二、农村社区公共艺术综合发展

公共艺术在农村社区不能单纯地以某种类型来建设农村公共文化,而是"整体公共艺术建设"概念,它是视觉文化的改善,即以公共艺术渗透在公众生活中,以改变公众观念为目标,以改善公共环境影响公众生活,形成美好的生活态度。当代公共艺术渗入社会经济和环境的整体活动过程中,目的是改善、丰富当地居民的精神生活与文化活动,公共艺术包含农村传统文化、现代生活与视觉文化的结合,引导的是公众观念。雕塑、壁画、民间美术如何形成特色文化,民间文艺活动如何通过艺术对群众生活产生内外交流上的影响,这些在农村社区整体的

---

① 资料提供:中德合作土地整理与村庄革新培训中心主任袁普华。

影响，并不是单一的因素，通过社会变革与公共艺术对农村居民整体观念产生影响，才能实现相应的目标。莎士比亚说："事情没有好与坏，只在你如何看待，社会时刻地发生着变化，你的思想就是你最大的敌人，这就要求我们时刻转变思维和观念，尤其是一些旧的、传统的思维和观念，只有如此，我们才能顺应时代的发展。"因此，公共艺术不仅是一种形式，而且是一种环境，公共艺术与环境的协调不仅仅是视觉上的协调，同时还表现在公共艺术和公共生活与在环境中的公众文化精神协调一致，成为环境要素，它与公共生活是相互作用的。

"农村社区公共艺术综合发展"是艺术和公共性问题结合在一起的，包含的公共艺术尤其以建筑、雕塑、绘画、民间美术、公共文化活动为主要内容，同时包含与人的生活密切相关的器具、设施、用品等，是建立公众审美和提高文化素质的重要因素。公共性在乡村社会是建立在公民社会基础上的，是公共艺术的机制问题，它首先应该是公众参与的活动，这种参与不完全是与作品的互动，而是从动议形成开始的全程参与，包括公共艺术的评估、评审的方法和程序，如果没有这种机制，只能出现权力的艺术；还包括公共艺术的评价制度、居民是否接受、公众互动环境等问题。单个学科难以实现乡村文化的综合发展，综合发展是实现以上目标的重要条件，需要多方面共同努力协作完成，既有艺术家参与，也有政府、社会的参与，更有乡村社会的主体（村民）的大量参与。视觉文化、公共艺术与"城乡等值化"结合的实验过程提供了一个既具有战略眼光又可以操作的范例（图6-1）。

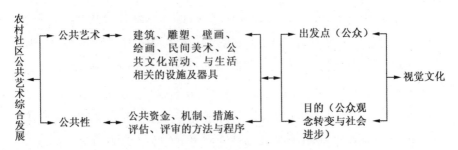

图6-1 农村社区公共艺术综合发展理论框架

农村社区公共艺术综合发展要从制度建设、交叉学科参与、传统文化建设、社会发展要素等方面入手,制度建设是完成公共艺术综合发展的前提,交叉学科参与体现了当前更深入、全面的研究,是由乡村社会独特的社会结构决定的。社会发展是公共艺术变化的依据,社会发展,人的思想观念随之变化,观念变化之后,对公共艺术的认识就出现不同的观点。除去上面提到的以外,艺术的生产也是农村社会公共艺术发展的独特之处,如民间艺术从诞生之日就保留原始的艺术行为,我们很难在艺术的生产者和消费者之间划清界限。农村社区公共艺术、视觉文化的全面发展,是"自上而下"和"自下而上"建设的,传承历史与可持续发展是良性和生态的,对人的观念意识有影响的公共艺术,在农村社会的发展是独特的。真正以公众为出发点,公共艺术在农村社区的发展就能达到目标。

参考文献

中文专著：

1. 袁祥生.一个农民的德国情缘——青州南张楼土地整理农村发展项目纪实[M].北京:中国文联出版社,2007.
2. 梁漱溟.乡村建设理论[M].上海:上海世纪出版集团,2005.
3. 浙江师范大学农村研究中心,浙江师范大学工商管理学院.中国新农村建设:理论、实践与政策[M].北京:中国经济出版社,2006.
4. 刘序勤.青州石刻文化[M].北京:文化艺术出版社,2006.
5. 青州市志编纂委员会.青州市志[M].天津:南开大学出版社,1989.
6. 柯克·约翰逊.电视与乡村社会变迁[M].展明辉,译.北京:中国人民大学出版社,2005.
7. 吴怀连.中国农村社会学的理论与实践[M].武汉:武汉大学出版社,1998.
8. 翁剑青.公共艺术的观念与取向[M].北京:北京大学出版社,2002.
9. 施惠.公共艺术设计[M].杭州:中国美术学院出版社,1996.
10. 郑乃铭.艺术家看公共艺术[M].长春:吉林科学技术出版社,2002.
11. 黄健敏.生活中的公共艺术[M].长春:吉林科学技术出版社,2002.
12. 刘俐.日本公共艺术生态[M].长春:吉林科学技术出版社,

2002.

13. 孙振华.公共艺术时代[M].南京:江苏美术出版社,2003.

14. 永辉,鸿年.公共艺术[M].北京:中国建筑工业出版社,2002.

15. 李永清.公共艺术设计务实[M].南京:江苏美术出版社,2005.

16. 吕荆如.国外公共艺术100例[M].广州:花城出版社,1985.

17. 翁剑青.城市公共艺术——一种与社会公众互动的艺术及文化阐释[M].南京:东南大学出版社,2004.

18. 马钦忠.雕塑·空间·公共艺术[M].上海:学林出版社,2004.

19. 顾丞峰.观念艺术的中国方式[M].长沙:湖南美术出版社,2002.

20. 郑振满.民间信仰与社会空间[M].福州:福建人民出版社,2003.

21. 王星,等.人类文化的空间组合[M].上海:上海人民出版社,1990.

22. 林澎,龚曙光.艺术生产概论[M].长沙:湖南出版社,1995.

23. 刑瞚寰.艺术掌握论[M].北京:中国青年出版社,1996.

24. 贺志扑,姜敏.艺术教育学[M].北京:人民出版社,2001.

25. 《艺术学》丛书编辑部.艺术学研究:方法与前景[M].上海:学林出版社,2004.

26. 梁玖.美术学[M]长沙:湖南美术出版社,2005.

27. 王宏建,袁宝林.美术概论[M].北京:高等教育出版社,1994.

28. 刘道广.中国民间美术发展史[M].南京:江苏美术出版社,1992.

29. 尹少淳.美术及其教育[M].长沙:湖南美术出版社,1995.

30. 宋书伟,王因为.社会学概论[M].北京:学苑出版社,1989.

31. 陈向明.质的研究方法与社会科学研究[M].北京:教育科学出版社,2000.

32. 孙津.美术批评学[M].哈尔滨:黑龙江美术出版社,2000.

33. 奚从清.社区研究——社区建设与社区发展[M].北京:华夏出

版社,1996.

34. 包心鉴,王振海.乡村民主——中国农村自治组织形式研究[M].北京:中国广播电视出版社,2001.

35. 鲁虹,孙振华.艺术与社会——26位著名批评家谈中国当代艺术转向[M].长沙:湖南美术出版社,2005.

36. 上海社会科学杂志社.使命:走向社会化——跨世纪社会科学方法论研究[M].上海:上海社会科学出版社,1999.

37. 黄宗贤.从原理到形态——普通艺术学[M].长沙:湖南美术出版社,2003.

38. 黄华新,陈宗明.符号学导论[M].郑州:河南人民出版社,2004.

39. 黄秉生.民族生态审美学[M].北京:民族出版社,2004.

40. 浙江大学德国文化研究所.德中教养、教育与社会化比较[M].杭州:浙江大学出版社,2002.

41. 董忠堂.建设社会主义新农村论纲[M].北京:人民日报出版社,2005.

42. 薛荣哲,田霍卿,藉希晋.建设现代化新农村走向[M].北京:科学普及出版社,1993.

43. 熊吕茂.梁漱溟的文化思想与中国现代化[M].长沙:湖南教育出版社,2000.

44. 李忠杰.邓小平农村建设理论概述[M].北京:中共中央党校出版社,2001.

45. 韩俊,刘振伟.邓小平农业思想概论[M].太原:山西人民出版社,2000.

46. 朱青生.没有人是艺术家,也没有人不是艺术家[M].北京:商务印书馆,2000.

47. 齐秀生.农村发展的历史与未来[M].济南:山东人民出版社,2004.

48. 陈昭玖.社会主义新农村建设理论与实践[M].北京:中国农业

出版社,2006.

49. 温铁军.新农村建设理论探索[M].北京:文津出版社,2006.

50. 方明,刘军.新农村建设政策理论文集[M].北京:中国建筑工业出版社,2006.

51. 郑岩,汪悦进.庵上坊[M].北京:生活·读书·新知三联书店,2008.

52. 张晓凌.观念艺术——重建与解构的诗学[M].长春:吉林美术出版社,1999.

53. 杨雪芹,安琪.民间美术概论[M].北京:北京工艺美术出版社,1990.

54. 王毅.中国民间艺术论[M].太原:山西教育出版社,2000.

55. 唐家路,潘鲁生.中国民间美术学导论[M].哈尔滨:黑龙江美术出版社,2000.

56. 北京市规划委员会.北京奥运公共艺术论文集[M].北京:中国城市出版社,2006.

中文论文:

1. 胡振亚."城乡等值化"实验及其对我国新农村建设的启示与借鉴价值[J].湖北行政学院学报,2007(5).

2. 孙明胜.公共艺术的观念[J].文艺理论与批评,2007(2).

3. 刘建新.中西公共艺术比较[J].美术观察,2003(9).

4. 袁运甫.公共艺术的观念·传统·实践[J].美术研究,1998(1).

5. 张亚琴.环境意识与公共艺术设计[J].重庆师专学报,2000(6).

6. 蒋志强.公共艺术与公众文化空间[J].文艺研究,2007(5).

7. 翁剑青.转型时期公共艺术的视野[J].美苑,2002(3).

8. 赵昆伦.试探中国"公共艺术"的存在方式[J].泰州职业技术学院学报,2008(8).

9. 周尚意,龙君.乡村公共空间与乡村文化建设——以河北唐山乡村公共空间为例[J].河北学刊,2003(3).

10. 崔松涛.公共空间与公共艺术[J].绥化学院学报,2007(5).

11. 董瑞敏.农村社区图书馆与农村社区发展[J].科技情报开发与经济,2005(10).

12. 朱海龙.哈贝马斯的公共领域与中国农村公共空间[J].科技创业月刊,2005(5).

13. 周颖,濮励杰,张芳怡.德国空间规划研究及其对我国的启示[J].长江流域资源与环境,2006(7).

14. 曹海林.村落公共空间演变及其对村庄秩序重构的意义——兼论社会变迁中村庄秩序的生成逻辑[J].天津社会科学,2005(6).

15. 邹广文,常晋芳.空间与人的文化世界[J].中国文化研究,2000(2).

16. 轩明飞.社区组织与社区发展——对社会学概念关系的界定与阐述[J].科技与经济2002(4).

17. 易英.公共艺术与公共性[J].文艺研究,2004(5).

18. 赵凌云.拓展公共空间——我们缺少何种理念[J].社会,2003(3).

19. 王可平.中国美术史的研究角度应当是多元的——美国高居翰教授讲学的启示[J].美术,1987(2).

20. 陈涛.社区发展:历史、理论和模式[J].中国人口·资源与环境,1997(3).

21. 卢福营.农村社区的公共管理方式——以浙江省3个村为例分析[J].浙江师大学报(社会科学版),2001(1).

22. 徐雪林,等.德国巴伐利亚洲土地整理与村庄革新对我国的启示[J].资源·产业,2002(5).

23. 徐楠.南张楼没有答案——一个"城乡等值化"试验的中国现实[J].经济与科技,2006(4).

24. 周爱民.袁运甫与"大美术"实践——从《向世界博物馆推荐丛书·袁运甫》谈起[J].艺术教育,2006(2).

25. 曹凡.以民为本——侯一民谈"大美术"[J].美术,2008(1).

26. 张道一.我说"大美术"[J].美术研究,1998(1).

27. 袁宝林.历史性的推进——袁运甫大美术观述评[J].南通师范学院学报(哲学社会科学版),2003(3).

28. 刘勇.非中心城市的大美术构想[J].云南艺术学院学报,2001(3).

29. 沈鹏.大文化、大美术[J].美术观察,1997(1).

30. 高丽丽."巴伐利亚试验"的中国模式——对山东省青州市南张楼村中德新农村建设的调查[J].农村工作通讯,2006(7).

31. 王廷瑞.30年美术社会影响力不可高估[J].美术观察,2005(11).

32. 李倍雷.比较美术学本体论研究[J].大连大学学报,2007(10).

33. 戴利朝.茶馆观察:农村公共空间的复兴与基层社会整合[J].社会,2005(5).

34. 傅勇.城镇化:南张楼模式还是龙港模式[J].决策咨询,2004(11).

35. 李晓峰.从生态学观点探讨传统聚居特征及承传与发展[J].华中建筑,1996(4).

36. 郑文良,经焱,王纪洪.德国小城镇规划建设[J].城乡建设,2006(5).

37. 夏宏梅.关于新农村文化建设问题的思考[J].决策与信息(下半月刊),2008(4).

38. 张秉福.旧中国3位乡村建设的探索者[J].炎黄春秋,2006(4).

39. 徐建春.联邦德国乡村土地整理的特点及启示[J].中国农村经济,2001(6).

40. 潘培志.梁漱溟乡村建设模式透视[J].学术论坛,2006(8).

41. 黄从庆,王学宏.梁漱溟乡村建设思想探析及其当代价值[J].

华中师范大学研究生学报,2006(12).

42. 许小亮,王秋兵.论巴伐利亚试验在中国变形的文化成因[J].江西农业学报,2008(3).

43. 刘大群.美术的社会功能浅析[J].哈尔滨学院学报,2004(5).

44. 贾利珠.论中国当代美术社会功能的缺失[J].天水师范学院学报,2007(7).

45. 陈锦通.美术社会影响力的体现方式[J].广西艺术学院学报,2006(2).

46. 刘汉,翟鹏.南张楼村的"巴伐利亚试验"[J].决策与信息,2006(6).

47. 王柏峰,耿品惠.山东青州市南张楼村调研报告[J].中国建设教育,2006(11).

48. 武汉市民政局家园办.山东青州市南张楼村新农村建设考察报告[J].武汉学刊,2006(6).

49. 陈涛.社区发展:历史、理论和模式[J].中国人口·资源与环境,1997(3).

译文文献:

1. 鲁道夫·阿恩海姆.走向艺术心理学[M].丁宁,等,译.郑州:黄河文艺出版社,1990.

2. 安·塔比亚斯.艺术实践[M].河清,译.杭州:浙江摄影出版社,1989.

3. 阿尔伯特·哈伯德.观念[M].宋天天,编译.北京:金城出版社,2003.

4. 谢林.艺术哲学[M].魏庆征,译.北京:中国社会出版社,1997.

5. 罗宾·乔治·科林伍德.艺术哲学新论[M].卢晓华,译.北京:工人出版社,1988.

6. 亚历山大.社会学二十讲[M].贾春增,等,译.北京:华夏出版社,2000.

7. 弗洛依德.日常生活的心理分析[M].林克明,译.杭州:浙江文艺出版社,1986.

8. 赫伯特·里德.艺术与社会[M].陈方明,王怡红,译.北京:工人出版社,1989.

9. 丹托.艺术哲学[M].欧阳英,译.南京:江苏人民出版社,2001.

10. 布朗·克赞尼克.艺术创造与艺术教育[M].马壮寰,译.成都:四川人民出版社,2000.

11. 拉尔夫·史密斯.艺术感觉与美育[M].腾守尧,译.成都:四川人民出版社,1997.

12. 汤因比,马尔库塞,等.艺术的未来[M].王治河,译.北京:北京大学出版社,1991.

13. E.齐格勒,L.基尔德,M.拉姆.社会化与个性发展[M].李凌,翟志瑞,周健,钟玲,译.北京:北京航空航天大学出版社,1988.

14. W.沃林格.抽象与移情[M].王才勇,译.沈阳:辽宁人民出版社,1987.

15. 柏格森.创造进化论[M].肖津,译.北京:华夏出版社,1999.

16. 马丁·海德格尔.存在与时间[M].陈嘉映,译.北京:生活·读书·新知三联书店,1987.

17. 乌蒙勃托·艾柯.符号学理论[M].卢德平,译.北京:中国人民大学出版社,1990.

18. 罗兰·巴特.符号学美学[M].董学文,王奎,译.沈阳:辽宁人民出版社,1987.

19. JI.T.列夫丘克.精神分析学说和艺术创作[M].泽林,译.北京:北京师范大学出版社,1986.

20. 潘诺夫斯基.视觉艺术的含义[M].付志强,译.沈阳:辽宁人民出版社,1987.

21. 舒立安.日常生活中的艺术[M].罗棂论,译.漓江出版社,1993.

22. 阿诺德·豪泽尔.艺术社会学[M].居延安,译.上海:学林出版社,1987.

23. 巴伐利亚州食品农林部. 巴伐利亚州土地整理程序概述[M]. 吕亮卿, 译. 太原: 山西农业大学出版社, 1992.

外文文献:

1. Clark, G. Housing and planning in the countryside[M]. New York: Research Studies Press, 1982.

2. Mallgrave, Harry Francis. Modern architectural theory: a historical survey[M]. Cambridge: Cambridge University Press, 2005.

3. Gaventa, Sarah. New public spaces[M]. Mitchell Beazley Press, 2006.

4. Robert L., France. Healing natures, repairing relationships: new perspectives on restoring ecological spaces and consciousness[M]. Green Frigate Books, 2007.

5. Tom Finkelpearl. Dialogues in public art[M]. Bridge City: The MIT Press, 2001.

6. Penny Balkin Bach. New land marks: public art, community, and the meaning of place[M]. Frankfort: Grayson Publishing, 2000.

7. Margaret Dikovitskaya. Visual culture: the study of the visual after the cultural turnt[M]. Bridge City: The MIT Press, 2006.

8. Nicholas Mirzoeff. An introduction to visual culture[M]. London: Routledge, 1999.

9. Susanne Zantop. Paintings on the move: Heinrich Heine and the visual arts[M]. Nebraska: University of Nebraska Press, 1989.

10. Simon Bell. Elements of visual design in the landscape[M]. London: Routledge, 2004.

11. M. D. Vernon. A further study of bisual perception[M]. Cambridge: Cambridge University Press, 1954.

12. Gyorgy Kepes. The visual arts today[M]. Middletown: Wesleyan University press, 1960.

13. H. W. Janson, Dora Jane Janson. Key monuments of the history of

art: a bisual survey [M]. New Jersey: Prentice-Hall, 1959.

14. H. Wolfflin, Alice Muehsam, Norma A. Shatan. The sense of form in art: a comparative psychological study [M]. Shelby County: Chelsea Publishing, 1958.

15. Theodore Meyer Greene. The arts and the art of criticism [M]. Princeton: Princeton University Press, 1940.

16. Udo Kultermann. The history of art [M]. New York: Abaris Books, 1993.

17. Jeremy Tanner. The sociology of art [M]. London: Routledge. 2003.

后 记

中国自改革开放以来出现巨大的变化，我也是这30多年来社会变迁的见证者。我出生在农村，对农村非常有感情，直到现在我的父母都生活在农村，他们怎么也不愿意到城市生活，每次回家看望父母我都有回到农村生活的冲动，但是就目前的各种情况来看，对于我来说，农村是很难住回去了。

怎样让农民幸福地生活在生他养他的土地上？我研究的最终目的也就是这一点，主要是针对除了物质生活以外的精神生活这一部分，是其中一个小小的另类视角。但是我发现我做的这个研究在中国的现实情况下不是乌托邦也接近乌托邦了，因为自从国家提出城镇化建设思路以来，越来越多的农民离开土地，离开家乡，只不过有的远一点，有的近一点罢了，这看起来也是一般潮流，但是问题同样凸显，关于城镇化进程中出现的问题的讨论已经太多了，我不再赘述。总的来说，我的这个研究与国家提倡的导向不完全一致，但在如何让农民生活得更幸福这一点上是相同的。

"城乡等值化"既是理想，也是现实，理想是如果中国农民受到同等的国民待遇就好了，现实是德国实施的城乡等值化提供了好的思路与样本。城乡等值化的公共艺术既是艺术问题，也是社会问题，在本书中，还是限于艺术讨论较好。

我是一个教书匠，有一次给建筑学的学生讲艺术史，学生问学建筑的听艺术史有什么用。我想，如果大学只教有用的，或许大学的意义是需要考虑的。生活不只是眼前的苟且，还有诗和远方。修养或许不能马上见到效益,但是在一个人的成长过程中肯定是有用的。做研究也是这样,只做有用的也很好,但是也应鼓励做一些看起来不是马上见到效益的课题。我的这些文字就属于看起来是没有什么用的这一类,但有理想总是好的。

感谢我的博士生导师潘耀昌教授,若没有他的指导,我是做不出一些研究的。感谢吴永发教授和李超德教授,没有他们为学院与学科发展的努力和为学院老师们职业发展的付出,像我这样的文字在目前是没有出版社愿意出版的。感谢苏州大学出版社的巫洁老师、周建国老师和我的同事郭明友教授,感谢他们付出的辛苦,没有他们的帮助与审校,或许您看到这些文字的时候还有语句的毛病。

感谢我的父母,因为如果不是他们生了我,或许您看到的作者是另外一个人,我父母的年龄已经很大了,我的两个姐姐小时候照顾我和弟弟,现在照顾父母,对我太容忍了。我和弟弟的交流也越来越多,看到两个侄女健康漂亮,总觉着二胎政策放开得有点晚了。感谢我的夫人和儿子,因为他们认为我除了不能赚钱、没有眼光、脾气一般,不是一个好儿子、好丈夫与好父亲,不会交往、说话难听、不时尚之外,其他还行。

张 琦
2016 年 5 月